中等职业教育机械类专业“互联网+”新形态教材

AutoCAD 实用教程

第 2 版

主　编　李　艳　姚允刚
副主编　张晋峰
参　编　闫志兰　魏青青　刘　喆
　　　　商林芳　吴玉凤　安园园

机 械 工 业 出 版 社

本书是根据当前我国职业教育一体化课程改革的基本理念，以行动为导向，以项目为载体，以一系列与职业技能密切联系的学习任务为引领进行编写的。本书主要内容包括认识 AutoCAD、常用绘图工具的使用、常用编辑工具的使用、设置图层及对象特性、常用标注工具的使用、复杂二维图形绘制、图形输出七个项目。每个项目又分为若干个任务，按照由简单到复杂、从单一到综合的原则进行设计，为任务的完成做必要的知识铺垫，符合学生的认知规律。本书在进行知识点讲解的同时，列举了大量的实例，图文并茂，通俗易懂，通过目标导向、任务引领、知识链接、任务实施、任务拓展等环节培养学生自主学习和自我探究的能力。书中还嵌入了 35 个二维码，用手机扫一扫便可观看所链接的内容。选择本书作为教材的教师，均可登录 www. cmpedu. com 以教师身份注册，免费下载本书配套资源。

本书主要作为机电、数控相关专业中职学生和初学者的参考教材，使读者能在实践中掌握 AutoCAD 的使用方法和技巧。

图书在版编目（CIP）数据

AutoCAD 实用教程/李艳，姚允刚主编．—2 版．—北京：机械工业出版社，2024. 3（2026. 1 重印）

中等职业教育机械类专业“互联网+”新形态教材

ISBN 978-7-111-74827-4

Ⅰ. ①A… Ⅱ. ①李… ②姚… Ⅲ. ①AutoCAD 软件-中等专业学校-教材 Ⅳ. ①TP391. 72

中国国家版本馆 CIP 数据核字（2024）第 032321 号

机械工业出版社（北京市百万庄大街 22 号 邮政编码 100037）

策划编辑：汪光灿　　责任编辑：汪光灿　章承林

责任校对：张亚楠　李小宝　　封面设计：陈　沛

责任印制：郜　敏

河北虎彩印刷有限公司印刷

2026 年 1 月第 2 版第 2 次印刷

184mm×260mm · 10. 25 印张 · 250 千字

标准书号：ISBN 978-7-111-74827-4

定价：35. 00 元

电话服务　　网络服务

客服电话：010-88361066　　机　工　官　网：www. cmpbook. com

010-88379833　　机　工　官　博：weibo. com/cmp1952

010-68326294　　金　　书　　网：www. golden-book. com

封底无防伪标均为盗版　　机工教育服务网：www. cmpedu. com

前言

党的二十大报告中指出“实施科教兴国战略，强化现代化建设人才支撑”，将大国工匠和高技能人才纳入国家战略人才行列，为职业教育的进一步发展指明了方向。为深入贯彻党的二十大精神，推动育人方式、办学模式、管理体制的改革，编者根据当前教学改革要求，按照学生职业能力的形成规律、职业学校学生的认知特点、培训者的需求和实际情况，对第1版进行了修订。

本书采用一体化教学的理念编写，根据AutoCAD基本工具的使用和认知规律进行重新规划、整编。按照项目教学的要求，以行动为导向，以项目为载体，以提高学生的技能水平、职业素质为目标，切实落实“简明、实用、够用”的指导思想。每个学习任务中包括学习目标、建议学时、任务描述、知识链接、任务实施、任务拓展、任务评价等环节，并在每个项目后设有试题集萃以满足学生考证需要。

本书主要特点：

1. 编写形式新颖。本书采用一体化教学理念编写，以任务为驱动，其中知识链接环节中教师讲授相应的理论知识，比如，在绘制正多边形任务中，教师要讲授正多边形的多种绘制方法，还要补充相应的几何知识；任务实施环节中采用机械制图常用的图形来进行对应的练习，加强与专业知识的联系；任务拓展环节是让学生加强练习，可自行完成，教师进行指导。最后以综合评价表的形式多方面检验学生的完成情况，其中，各环节还根据实际需要设有小提示，从而温馨地提醒学生容易出错的地方。

2. 学习目标明确。在每个项目开始处设有项目描述，对本项目的学习内容进行简单的介绍。在学习任务开始处又设有任务描述，使学生在学习前能明确目标，从而在后面的学习中做到心中有数。

3. 实例图形常见。本书的每个图形都是学生常见的，又与机械制图相关联，例如，有三角板、操场跑道、学校平面图等。通过详细给出具体绘图步骤，可以帮助学生在最短时间内熟练地掌握绘图的方法和步骤。

4. 结构循序渐进。本书根据学生的认知规律和思维习惯，对相关学习任务进行有针对性地归类，由浅入深、循序渐进地讲解AutoCAD 2023机械图例的绘制。

本书由李艳、姚允刚任主编，张晋峰任副主编，由闫志兰、魏青青、刘喆、商林芳、吴玉凤、安园园参编。本书在编写过程中参考了国内相关论著，在此一并表示感谢。

为确保质量，编者竭尽全力，但由于水平有限，在书中难免会存在错误和疏漏，敬请专家、同行和读者批评指正。

编　者

二维码索引

图号	二维码	页码	图号	二维码	页码
图 2-4		17	图 2-40		31
图 2-5		17	图 2-45		33
图 2-20		22	图 3-10		38
图 2-21		23	图 3-11		38
图 2-25		25	图 3-17		41
图 2-26		25	图 3-18		42
图 2-38		30	图 3-27		47
图 2-39		30	图 3-28		47

（续）

目　录

项目一

认识AutoCAD

项目描述

通过本项目的学习，基本能够熟悉 AutoCAD 软件界面组成，能够完成软件的启动和关闭、基本工作环境设置，同时能够完成各种工具栏的加载，了解各种选择方式的异同，学会对 AutoCAD 文件的管理，为本课程的后续学习奠定基础。

任务一 认识 AutoCAD 2023 界面

学习目标

1）能完成 AutoCAD 软件启动、关闭等基本操作。
2）熟悉 AutoCAD 软件界面组成。
3）能完成基本工作环境设置。

建议学时

2 学时

任务描述

通过本任务的学习，学生能熟悉 AutoCAD 软件界面组成，了解画图软件需要使用的工具，学会软件启动、关闭等基本操作，独立完成基本工作环境的设置。

知识链接

一、启动 AutoCAD 软件

方法一：双击计算机桌面上 AutoCAD 软件的快捷方式图标。

方法二：依次选择“开始”→“程序”→“Autodesk”→“AutoCAD 2023-Simplified Chinese”→“AutoCAD 2023”命令。

二、退出系统

关闭 AutoCAD，可以使用以下任意一种方法：

1）直接单击 AutoCAD 主窗口右上角的“关闭”按钮。

2）按组合键<Alt+F4>。

3）选择“文件”→“退出”命令，即可退出 AutoCAD 系统。

4）在命令行输入“QUIT”命令。

三、AutoCAD 软件界面介绍

启动 AutoCAD 软件，进入主界面，如图 1-1 所示。其工作界面由标题栏、菜单栏、工具栏、功能区、工具选项板、绘图区、光标、当前坐标系、模型/布局选项卡、命令行、状态栏等组成。

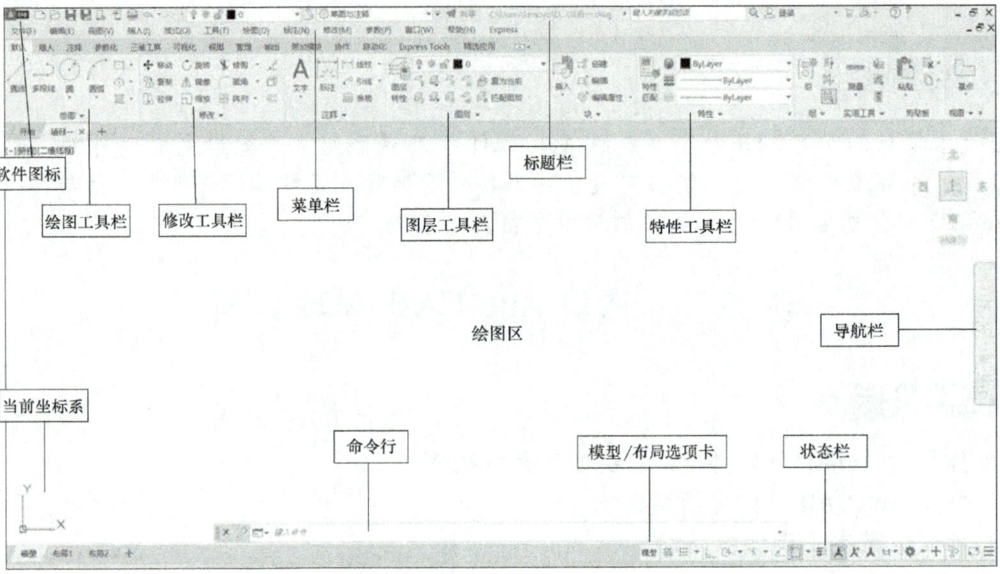

图 1-1　AutoCAD 软件的主界面组成

1. 标题栏

标题栏位于工作界面的最上方，中间显示文件名，单击左端的软件图标会弹出一个下拉菜单，如图 1-2 所示。该下拉菜单除了打开、保存、关闭等操作外，还有“选项”按钮，单击该按钮弹出“选项”对话框，在“显示”选项卡内可完成修改绘图窗口的颜色和调整十字光标大小等操作，如图 1-3 所示。

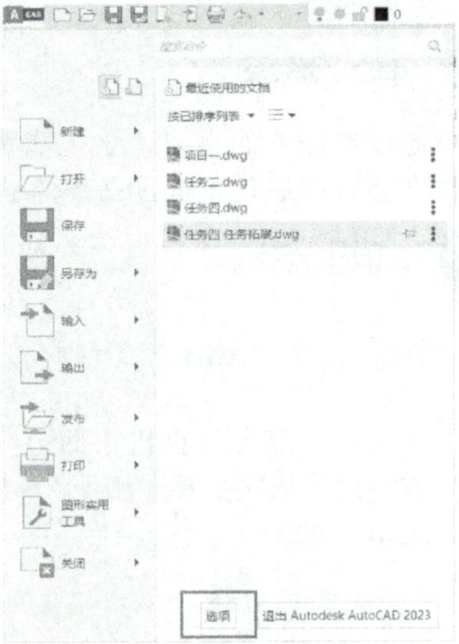

图 1-2　下拉菜单

2. 工具栏

除了从菜单栏选择命令外，单击工具栏上的按钮也是执行 AutoCAD 命令的一种方法。关于工具栏的学习将在本项目任务三中详细讲解。

3. 菜单栏

菜单栏位于标题栏的下方，集合了 AutoCAD 软件中的大部分命令，单击菜单中的某一项即可打开对应的下

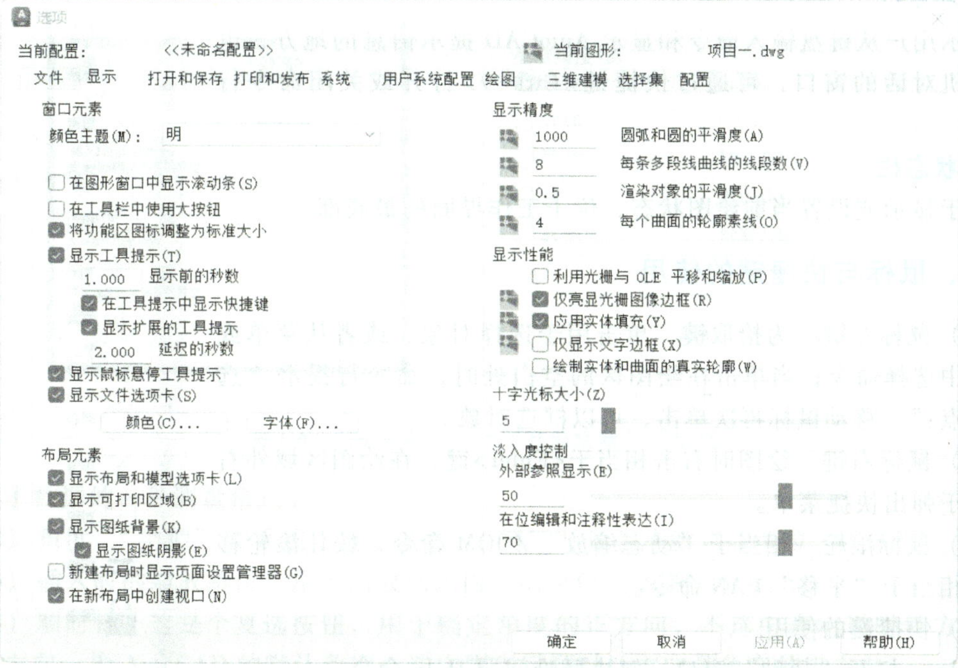

图 1-3　“选项”对话框

拉菜单。其下拉菜单有以下四个特点：

1）右侧有小黑三角的菜单项，表示它还有子菜单。

2）右侧有省略号的菜单项，表示单击该菜单项后要显示一个对话框。

3）菜单呈灰色，表示该命令在当前状态下不可用。

4）命令后带有快捷键，表示直接按该快捷键也可执行该命令。

4. 功能区

功能区包括默认、插入、注释、参数化、视图、管理、输出等多项选项卡，用户可以通过修改功能区面板来组织常用命令，从而达到快速访问命令的目的。合理组织功能区后，则无须显示过多的工具栏，如图 1-4 所示。

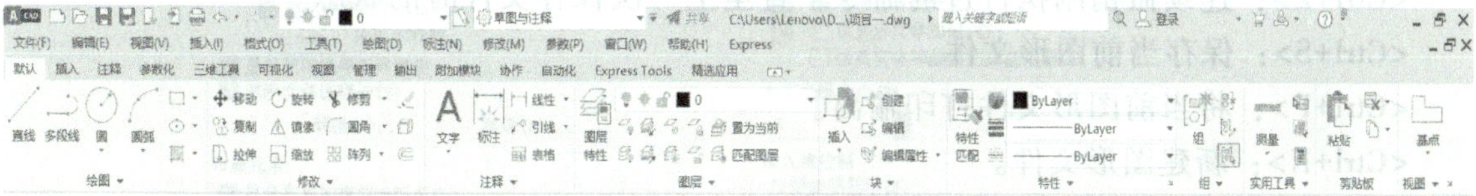

图 1-4　功能区

5. 工具选项板

工具选项板提供了一种用来组织、共享和放置块、图案填充及其他工具的有效方法，单击“工具”菜单，依次选择“选项板”→“工具选项板”命令，或者按组合键<Ctrl+3>，系统将弹出工具选项板，如图 1-5 所示。

6. 模型/布局选项卡

用于实现模型空间与图纸空间的切换。

(3) “绘图”选项卡　用于设置一些基本编辑选项，如自动捕捉设置、自动追踪设置等。

(4) “选择集”选项卡　用于设置选择对象相关的选项，如拾取框的大小、设置选择模式、夹点大小等。

任务实施

使窗口最小化，再使窗口最大化。

1）将“标准”工具栏、“对象特性”工具栏、“绘图”工具栏和“修改”工具栏分别移动到绘图区中央，并一一关闭。

2）在绘图区下部反复按“布局”和“模型”按钮，将模型空间切换到图纸空间，再将图纸空间切换到模型空间。

3）反复按<F2>键，将命令窗口切换到文本窗口，再将文本窗口切换到命令窗口。

4）用鼠标移动命令窗口边框的位置，调整命令窗口的大小，使历史信息显示六行，再调整到系统原来默认的状态。

5）用鼠标将命令窗口移动到绘图区中央，再移动到系统原来默认的位置。

6）按下“栅格”按钮，观察鼠标的移动；再按下“捕捉”按钮，观察鼠标的移动。弹出“捕捉”按钮和“栅格”按钮。

7）调整十字光标尺寸：在下拉菜单中选择“工具”→“选项”→“显示”命令，在对话框左下角“十字光标大小”选项组中直接在左侧文本框中输入或拖动右侧的滚动条输入十字光标的比例数值（例如“100”），然后单击“确定”按钮，观看十字光标大小的变化；最后再将其恢复为默认值“5”。

8）在D盘上新建立一个文件夹，以自己的名字命名。启动AutoCAD 2023。从菜单“文件”中选择“保存”，出现“图形另存为”对话框。在“图形另存为”对话框的“保存于”下拉列表框中找到D盘“自己”文件夹，并将其文件夹打开。再以“A2”为名将其图形文件保存。关闭AutoCAD 2023。

任务拓展

选择“工具”→“选项”命令，打开“选项”对话框，体验选项中各选项卡的不同作用，分析各个选项的作用。

任务评价

表1-1　任务一综合评价表

项目	自我评价			小组评价			教师评价		
	10~9	8~6	5~1	10~9	8~6	5~1	10~9	8~6	5~1
	占总评10%			占总评30%			占总评60%		
操作过程									
任务拓展									
安全文明									

（续）

项目	自我评价			小组评价			教师评价		
	10~9	8~6	5~1	10~9	8~6	5~1	10~9	8~6	5~1
	占总评 10%			占总评 30%			占总评 60%		
时间观念									
学习主动性									
工作态度									
语言表达能力									
团队合作精神									
实验报告质量									
小计									
总评									

任务二　加载工具栏、对象的选择

学习目标

1）会正确地根据具体情况加载各种工具栏。

2）能够进行点的输入方式和绘图对象的选择，以及区别不同选择方式。

建议学时

2 学时

任务描述

通过本任务的学习，学生能够根据具体需要及个人绘图习惯设置满足要求的工具栏，并理解和掌握不同选择方式的区别。

知识链接

一、工具栏的加载

工具栏是应用程序调用命令的另一种方式，它包含很多图标命令按钮。在 AutoCAD 2023 中，系统共提供了四十多个已命名的工具栏。默认情况下，“绘图”“修改”“图层”和“特性”等工具栏处于打开状态。如果要显示当前隐藏的工具栏，在菜单栏中选择“工具”→“工具栏”→“AutoCAD”→“标注”命令，打开“标注”工具栏，图 1-8 所示为“标注”工具栏下的图标按钮；选择“工具”→“工具栏”→“AutoCAD”→“样式”命令，打开“样式”工具栏，图 1-9 所示为“样式”工具栏下的图标按钮。

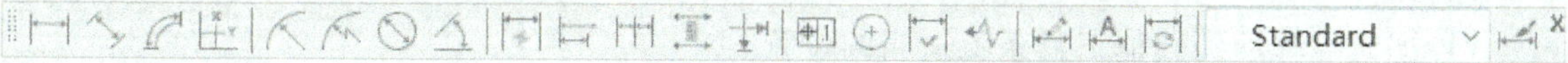

图 1-8　“标注”工具栏

图 1-9 “样式”工具栏

二、实体选择方式

方法一：直接拾取。方法是将光标选择框移动到对象上，该对象以高亮度方式显示，单击后对象以虚线方式显示，表示被选中。

方法二：框选。方法是将光标移动到对象旁边空白处单击，系统提示“指定对角点”，移动鼠标，将出现一个矩形窗口，用此窗口框住需要选择的对象再次单击，完成框选。

方法三：扣除模式与加入模式。在系统提示“选择对象:”后，进行多个实体的选择，如果想扣除其中的某个或某些实体，则输入“R”并按<Enter>键，此时系统提示“删除对象:”即可进行扣除操作，删除多余选择的实体；若要返回加入模式，则在“删除对象:”提示下输入“A”并按<Enter>键即可。

小提示：

框选对象时，框选的方向不同，选中的对象也可能不一样。从左向右框选时，窗口为实线，框内为蓝色，完全处于窗口内的对象被选中；从右向左框选时，窗口为虚线，框内为绿色，完全处于窗口以内的对象和与窗口边相交的对象均被选中。

三、命令的执行、重复和撤销

1）通过菜单栏、工具栏和快捷键均可以进行命令的执行。

2）若要重复执行某一命令，可在“命令:”提示下直接按<Enter>键或右击来实现。

3）撤销前一个命令的方法是在“命令:”提示下输入“U”并按<Enter>键，或采用<Ctrl+Z>组合键来实现。

任务实施

方法一：

1）单击“视图”菜单，在弹出的下拉菜单中选择“工具栏”命令，出现“自定义用户界面”对话框。

2）在工具栏中“文字”前的小方框中单击，出现“√”并出现“文字”工具栏。

3）将光标指向“文字”工具栏的标题栏，按下鼠标左键把它拖拉到绘图区四周的适当位置。

4）关闭加载的工具条。

5）加载其他工具条。

方法二：

1）把光标移动到其他工具条上适当的位置。

2）右击，在弹出的列表中单击所需工具条。

任务评价

表 1-2　任务二综合评价表

项目	自我评价			小组评价			教师评价		
	10～9	8～6	5～1	10～9	8～6	5～1	10～9	8～6	5～1
	占总评 10%			占总评 30%			占总评 60%		
工具栏的加载									
任务拓展									
安全文明									
时间观念									
学习主动性									
工作态度									
语言表达能力									
团队合作精神									
实验报告质量									
小计									
总评									

任务三　文件管理

学习目标

1）能独立完成 AutoCAD 文件的打开和关闭操作。

2）能独立完成 AutoCAD 文件的新建和保存操作。

建议学时

2 学时

任务描述

学习本任务后，学生能够独立进 AutoCAD 文件的打开和关闭操作，并能够新建和保存 AutoCAD 文件，为本课程的后续学习奠定基础。

知识链接

一、新建图形文件

在 AutoCAD 中，可以根据以下任意方法创建新图形文件。

1）在“开始”界面选择“新建”命令。

2）在“文件”菜单选择“新建”命令。

3）单击“新建”按钮 。

4）使用组合键<Ctrl+N>。

5）在命令行输入“NEW”后按<Enter>键。

通过以上任一方法打开“选择样板”对话框，选择样板文件后可以创建新文件，如图 1-10 所示。

小提示：

样板文件扩展名为“dwt”，通常包括与绘图有关的一些设置，如线型、文字样式、标注样式，利用样板创建新文件不仅可提高绘图效率，还能保证图形的一致性。

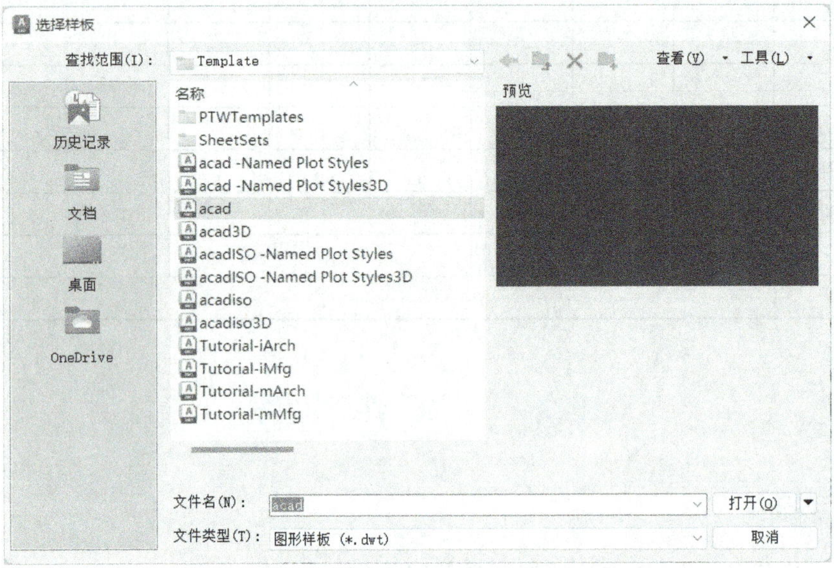

图 1-10 “选择样板”对话框

二、打开图形文件

在 AutoCAD 中，可以通过以下任意方法打开已有图形文件：

1）在“开始”界面选择“打开”命令。

2）在“文件”菜单选择“打开”命令。

3）单击“打开”按钮 。

4）使用组合键<Ctrl+O>。

5）在命令行输入“OPEN”后按<Enter>键。

通过以上任一方法打开“选择文件”对话框，如图 1-11 所示。

三、保存图形文件

在绘图过程中，为避免由于死机、断电等突发情况使完成的图形毁于一旦，需要及时对图形文件进行保存。在 AutoCAD 中，可以通过以下任意方法保存图形文件：

1）在“文件”菜单选择“保存”命令。

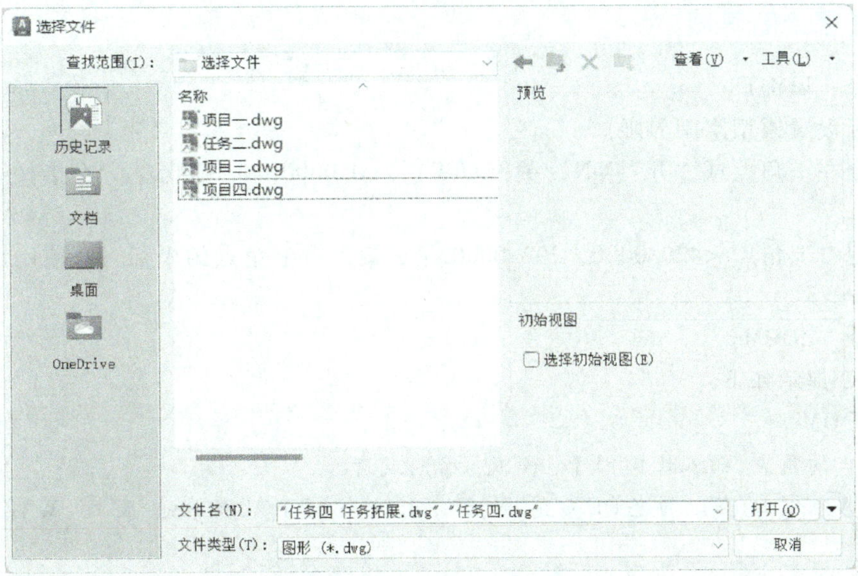

图 1-11 “选择文件”对话框

2）单击“保存”按钮。

3）使用组合键<Ctrl+S>。

4）在命令行输入“SAVE”后按<Enter>键。

执行以上任一方法时，如果是第一次保存文件，则打开“图形另存为”对话框，如图 1-12 所示。

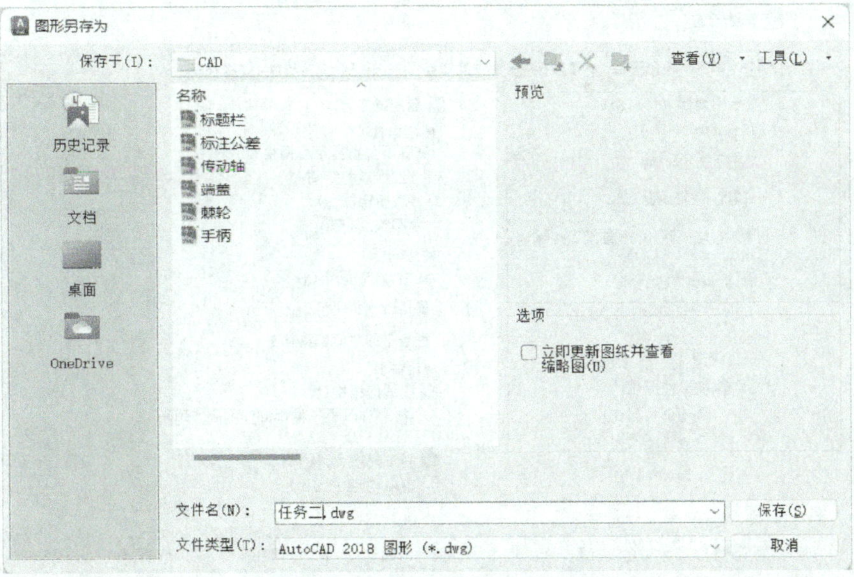

图 1-12 “图形另存为”对话框

在“文件类型”下拉列表中选择想要保存的文件类型，默认的文件类型为“图形（*.dwg）”，样板文件为“*.dwt”。

四、设置绘图界限

1）命令：LIMITS。

2）重新设置模型空间界限。

3）指定左下角点或［开（ON）/关（OFF）］<0.0000，0.0000>：//直接按<Enter>键，确定左下角。

4）指定右上角点 <420.0000，297.0000>：//输入右上角点的坐标，若使用默认界限就直接按<Enter>键。

5）命令：ZOOM。

操作命令提示如下：

命令:ZOOM

指定窗口的角点,输入比例因子(nx 或 nxp),或者

[全部(A)/中心(C)/动态(D)/范围(E)/上一个(P)/比例(S)/窗口(W)/对象(O)]<实时>:A

正在重生成模型。

五、栅格

1）按<F7>键或者单击状态栏上的“栅格”按钮，则启动栅格功能，在绘图区内就可以看到点阵，其作用类似于手绘图时的坐标纸。

2）选择“工具”→“绘图设置”命令，或者在状态栏“栅格”按钮上右击，从弹出的快捷菜单中选择“设置”命令，将弹出“草图设置”对话框，如图 1-13 所示。

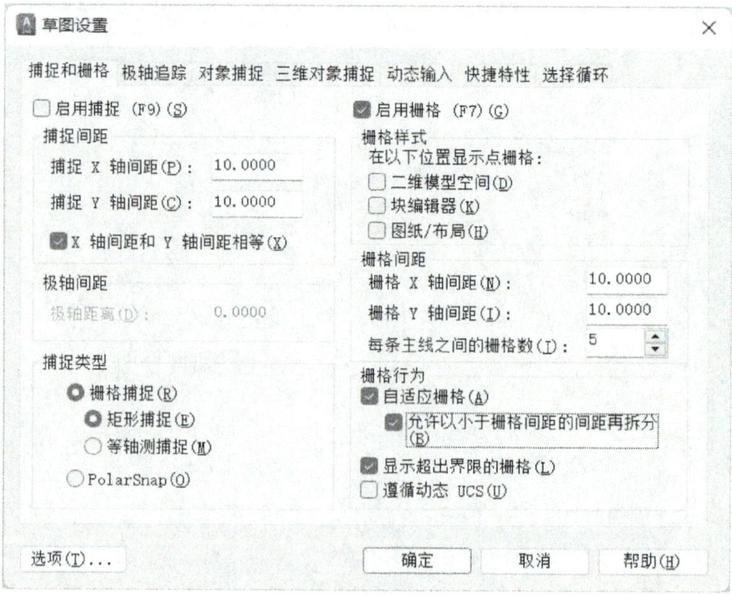

图 1-13 “草图设置”对话框

3）在“捕捉和栅格”选项卡内的“栅格间距”选项区，可以设置 X 方向、Y 方向的栅格间距，默认间距为 10。

任务实施

1）新建一个图形文件，设置图形界限为297mm×210mm。
2）体验栅格的作用。
3）将文件另存为“1.dwg”，放到教师指定的文件夹下。
4）关闭后能再一次打开上述文件。
5）使用“文件”→“打开”命令打开指定文件。

任务拓展

新建文件后，根据需要进行必要的设置，设置完成后保存为样板文件，便于统一样式、频繁调用。

任务评价

表1-3 任务三综合评价表

项目	自我评价			小组评价			教师评价		
	10~9	8~6	5~1	10~9	8~6	5~1	10~9	8~6	5~1
	占总评10%			占总评30%			占总评60%		
文件管理操作									
任务拓展									
安全文明									
时间观念									
学习主动性									
工作态度									
语言表达能力									
团队合作精神									
实验报告质量									
小计									
总评									

试题集萃

1. AutoCAD图形文件和样板文件的扩展名分别是（　　）。
A. BAK、BMP　　B. BMP、BAK　　C. DWG、DWT　　D. DWT、DWG
2. AutoCAD的操作界面主要由标题栏、菜单栏和（　　）几部分组成。
A. 状态栏　　B. 工具栏　　C. 命令行　　D. 绘图区
3. 基本文件命令操作有关闭和（　　）。
A. 新建　　B. 打开　　C. 保存　　D. 打印输出
4. 打开/关闭正交状态的快捷键是（　　）。
A. F1　　B. F2　　C. F4　　D. F8
5. 当丢失了下拉菜单，可以用（　　）命令重新加载标准菜单。
A. MENU　　B. OPEN　　C. NEW　　D. LOAD

项目二

常用绘图工具的使用

项目描述

灵活应用坐标的几种表示方法（绝对直角坐标、绝对极坐标、相对直角坐标、相对极坐标），使用直线、矩形、正多边形、圆、圆弧、椭圆、椭圆弧工具完成简单图形的绘制。绘制以下图形时分别应用直线、矩形、正多边形、圆、圆弧、椭圆、椭圆弧等工具。

任务一　绘制矩形

学习目标

1）能学会矩形的绘制方法。

2）会使用“直线”命令绘制矩形。

3）会使用“矩形”命令绘制矩形，并能区分命令行中各选项功能的不同。

4）培养学生严谨细致的学习态度。

建议学时

2 学时

任务描述

绘制图 2-1 所示矩形。该图形由 4 条直线构成，在绘图过程中，可以直接利用“矩形”命令完成。

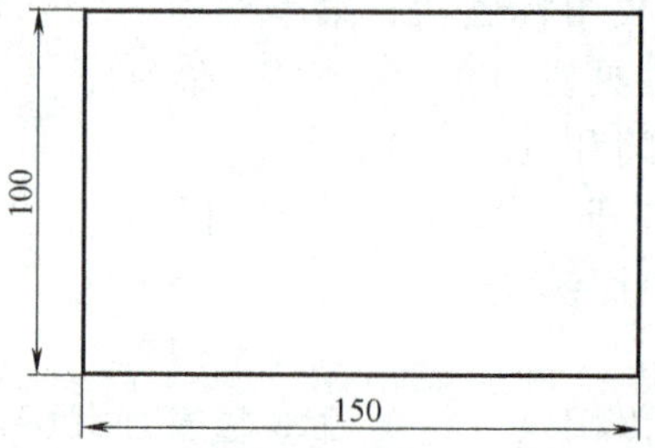

图 2-1　矩形

知识链接

一、正交模式的调用

在状态栏上单击“正交模式” 图标，进入正交模式，如图 2-2 所示。

二、命令的执行

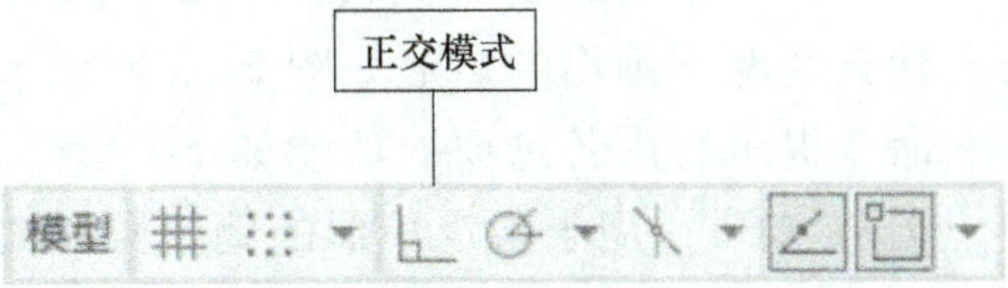

图 2-2　正交模式启闭按钮

例如“直线”命令，它的执行方式有以下 3 种。

1）菜单栏：选择“绘图”→“直线”命令。

2）工具栏：单击“绘图”工具栏中“直线” 按钮。

3）命令行：输入“LINE”（L）。

三、坐标的表示方法

在 AutoCAD 中，坐标系分为世界坐标系（WCS）和用户坐标系（UCS），默认情况下，当前坐标系为世界坐标系。

1）绝对直角坐标：从原点（0，0）到某点的水平方向和竖直方向的位移，中间由逗号隔开，即用“X，Y”表示。

2）绝对极坐标：从原点到某点之间的位移 R 及与 X 轴正方向的夹角 α，中间由“<”隔开，X 轴正方向为 0°，Y 轴正方向为 90°，具体表示为“$R<\alpha$”。

3）相对直角坐标：相对于某一点的水平位移、竖直位移、两点间距、两点连线与 X 轴的夹角。表示方法是在绝对坐标表示方法前加“@”符号，相对直角坐标表示为“@X，Y”。

4）相对极坐标：指相对于前一点的极轴长度和偏移角度，表示为“@ $R<\alpha$”。其中偏移角度 α 以 X 轴正方向为 0°，逆时针方向为正值，顺时针方向为负值。

四、绘制矩形

在 AutoCAD 2023 中画矩形，只需启动矩形命令后确定两个对角点即可，如图 2-3 所示。

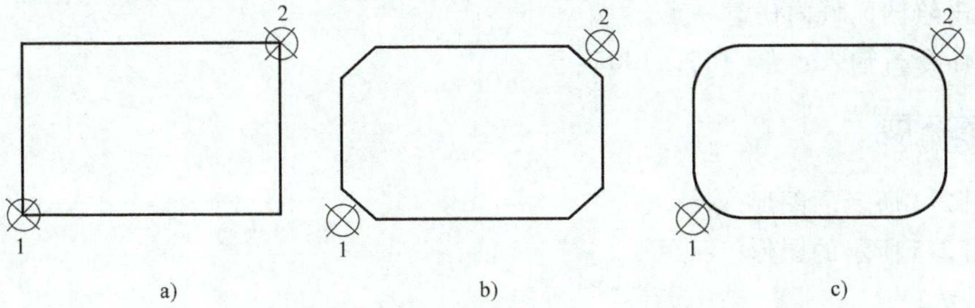

图 2-3　矩形示例

“矩形”命令的执行方式有以下 3 种。

1）菜单栏：选择“绘图”→“矩形”命令。

2）工具栏：单击“绘图”工具栏中“矩形”按钮。

3）命令行：输入“RECTANG”（REC）。操作命令提示如下：

命令:_RECTANG

指定第一个角点或[倒角(C)/标高(E)/圆角(F)/厚度(T)/宽度(W)]：　　//指定点1

指定另一个角点或[面积(A)/尺寸(D)/旋转(R)]：　　//指定点2

默认情况下画出的矩形如图2-3a所示。

命令提示行内各选项的功能如下：

倒角（C）：用于指定矩形的倒直角距离，画倒角矩形，如图2-3b所示。

标高（E）：确定矩形在三维空间中的Z坐标高度。

圆角（F）：用于指定矩形的倒圆角距离，画圆角矩形，如图2-3c所示。

厚度（T）：指定3D矩形厚度。

宽度（W）：设定矩形四条边的线宽。

面积（A）：分别指定使用面积与长度或宽度创建矩形。

尺寸（D）：分别指定矩形的长度和宽度画矩形。

旋转（R）：按指定的旋转角度创建矩形。

任务实施

绘制图2-1所示图形，常用以下两种方法：

1. 方法一

1）单击“绘图”工具栏中“直线”按钮。

2）打开正交模式。

3）单击绘图区域内任意一点。

4）光标移至水平向右的方向，在命令行输入“150”。

5）光标移至竖直向上的方向，在命令行输入“100”。

6）光标移至水平向左的方向，在命令行输入“150”。

7）光标移至竖直向下的方向，在命令行输入“100”。

2. 方法二

1）单击“绘图”工具栏中“矩形”按钮。

2）单击绘图区域内任意一点。

3）在命令行输入：“@150，100”。

任务拓展

绘制图2-4所示的图形。

绘制图2-5所示的图形。

操作提示：

1）使用“直线”命令先画出菱形的两条对角线。

2）使用“直线”命令把对角线的4个端点连接。

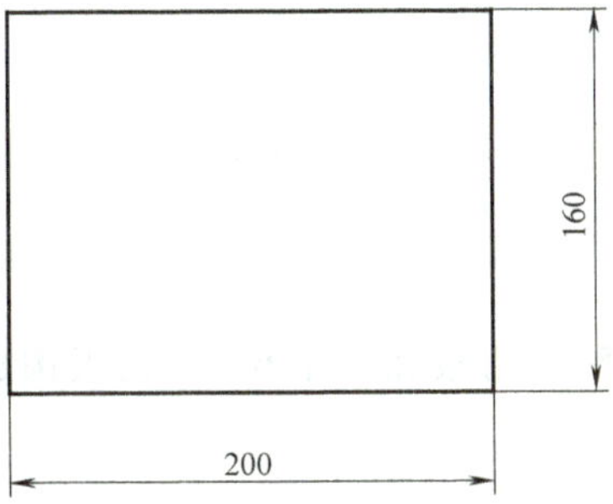

图 2-4　矩形

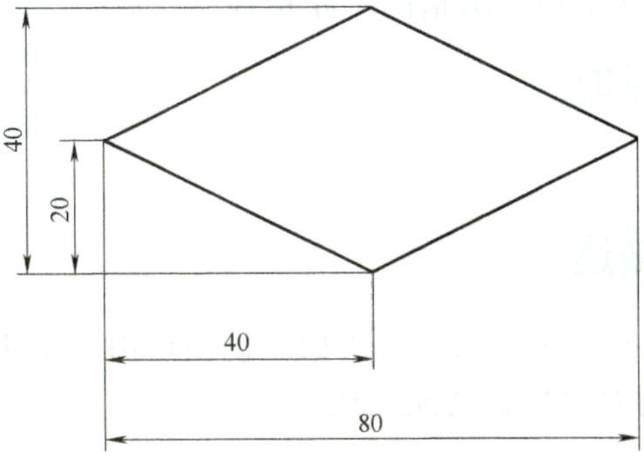

图 2-5　菱形

任务评价

表 2-1　任务一综合评价表

项目	自我评价			小组评价			教师评价		
	10～9	8～6	5～1	10～9	8～6	5～1	10～9	8～6	5～1
	占总评 10%			占总评 30%			占总评 60%		
绘制图 2-1									
绘制图 2-4									
绘制图 2-5									
安全文明									
时间观念									
学习主动性									
工作态度									
语言表达能力									
团队合作精神									
小计									
总评									

任务二　绘制三角板

学习目标

1）能知道坐标系的知识。

2）能理解对象捕捉的使用。

3）会应用坐标系和对象捕捉功能绘制三角板。

图 2-10 “对象捕捉”工具栏

小提示：

首次启动 AutoCAD 2023，一般不显示菜单栏。用户可单击 AutoCAD 2023 经典界面左上侧按钮右侧的按钮，出现图 2-11 所示的下拉菜单，选中显示菜单栏，即可打开菜单栏。

2）快捷键：在绘图区任意位置，按下<Shift>或<Ctrl>键的同时右击，打开快捷菜单，如图 2-12 所示，从中选择相应的捕捉方式。

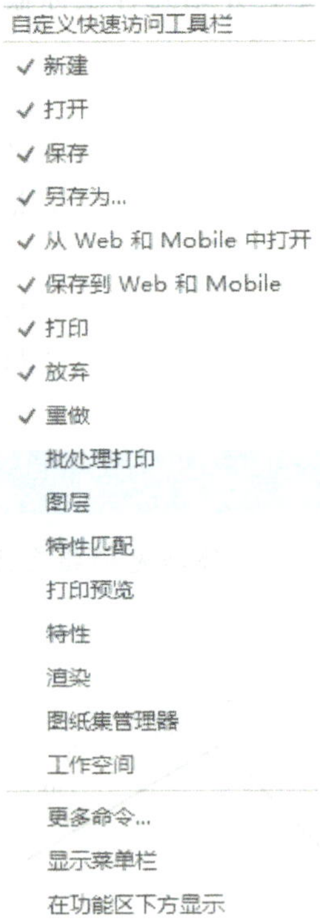

图 2-11 下拉菜单

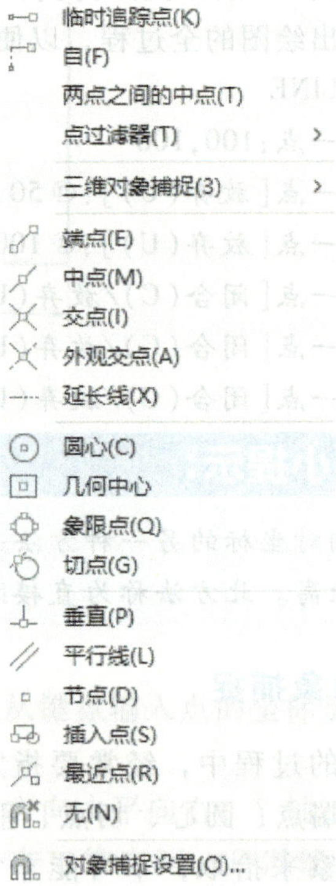

图 2-12 “对象捕捉”快捷菜单

2. 自动对象捕捉

自动对象捕捉就是当把光标放在一个对象上时，系统自动捕捉到对象上所有符合条件的几何特征点，并显示对应的标记。如果把光标放在捕捉点上多停留一会，系统还会显示捕捉的提示。这样，在选点之前，就可以预览和确认捕捉点。

可通过下列三种方法打开“对象捕捉”选项卡：

1）菜单栏：选择“工具”→“绘图设置”→“对象捕捉”命令，打开“对象捕捉”选项卡。

2）状态栏：单击“捕捉模式”右侧的倒三角形符号，选择“捕捉设置”，打开“草图设置”对话框，打开“对象捕捉”选项卡。

3）命令行：输入“OSNAP”。

按上述方式之一执行命令后，系统打开显示“对象捕捉”选项卡的“草图设置”对话框，如图 2-13 所示。

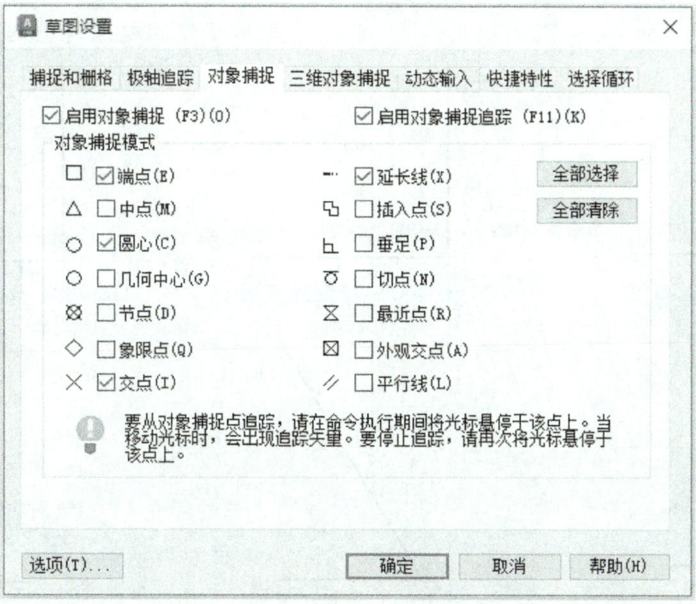

图 2-13 “对象捕捉”选项卡

这种捕捉模式能自动捕捉到已经设定的特殊点，它是一种长期的、多效的捕捉模式。在绘图的过程中，使用自动对象捕捉的频率非常高。

任务实施

绘制图 2-6 所示的两个三角板图形。

1）绘制图 2-6a 的三角形，此三角形是三角板中的等腰直角三角形。单击“绘图”工具栏中的“直线” 按钮，调用绘制直线的命令，系统提示：

命令：_LINE

指定第一点： //用鼠标在屏幕上单击拾取一点

指定下一点[放弃(U)]：7 //单击正交按钮，沿水平方向向左移动鼠标，输入 7，如图 2-14 所示

指定下一点[放弃(U)]：7 //沿竖直方向向上移动鼠标，输入 7，如图 2-15 所示

指定下一点[闭合(C)/放弃(U)]：C↙ //输入“C”按<Enter>键确认，竖直线的终点自动与水平线的起点连接起来，如图 2-16 所示

2）绘制图 2-6b 的三角形，此三角形是三角板中 30°的直角三角形。单击“绘图”工具栏中的“直线” 按钮，调用绘制直线的命令，系统提示：

命令：_LINE

指定第一点：　　//用鼠标在屏幕上单击拾取一点

指定下一点[放弃(U)]:6　　//单击正交按钮，沿水平方向向左移动鼠标，输入 6，如图 2-17 所示

指定下一点[放弃(U)]:@ 12<60　　//相对极坐标输入，如图 2-18 所示

指定下一点[闭合(C)/放弃(U)]:C↙　　//输入“C”按<Enter>键确认，斜边线的终点自动与水平线的起点连接起来，如图 2-19 所示

图 2-14　绘制水平线

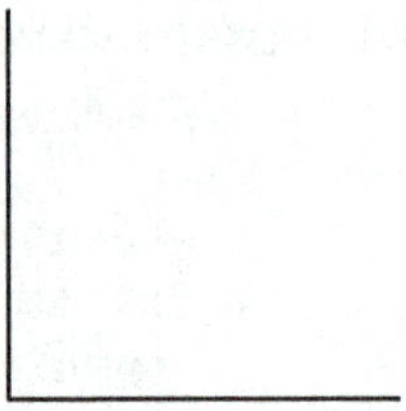

图 2-15　绘制竖直线

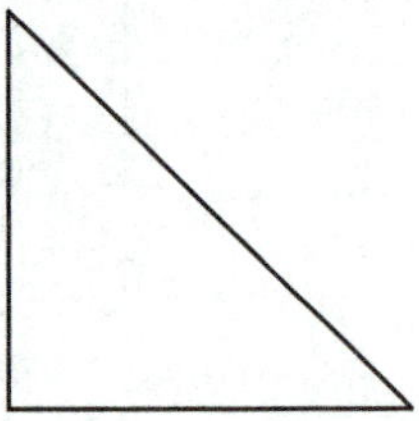

图 2-16　闭合水平线与竖直线

图 2-17　绘制水平线

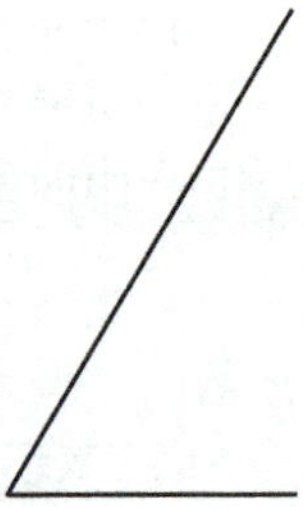

图 2-18　绘制斜线

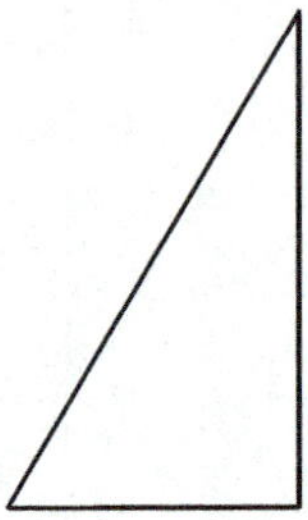

图 2-19　闭合水平线与斜线

任务拓展

绘制图 2-20 所示的图形。

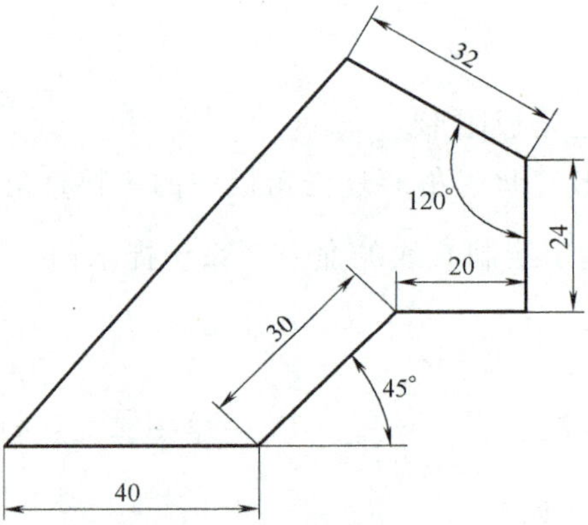

图 2-20　练习图形（一）

绘制图 2-21 所示的图形。

操作提示：

1）用“矩形”命令画出长 40mm、宽 26mm 的矩形。

2）打开对象捕捉中的中点捕捉，用直线指令把矩形四条边的中点连接起来，画出外面的大菱形。

3）用“直线”命令把菱形四条边的中点连接起来，画出里面的小矩形。

4）用“直线”命令把小矩形四条边的中点连接起来，画出里面的小菱形。

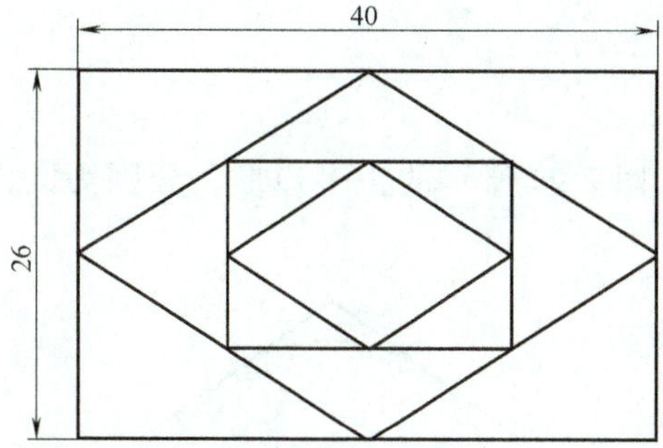

图 2-21　练习图形（二）

任务评价

表 2-2　任务二综合评价表

项目	自我评价			小组评价			教师评价		
	10～9	8～6	5～1	10～9	8～6	5～1	10～9	8～6	5～1
	占总评 10%			占总评 30%			占总评 60%		
绘制图 2-6									
绘制图 2-9									
绘制图 2-20									
绘制图 2-21									
安全文明									
时间观念									
学习主动性									
工作态度									
语言表达能力									
团队合作精神									
小计									
总评									

任务三　绘制正多边形

学习目标

1）学会正多边形在软件画图中的不同表示方法。

2）掌握正三边形、正五边形、正六边形的画法，学会灵活使用命令行。

3）培养学生严谨细致的学习态度。

建议学时

2 学时

任务描述

绘制图 2-22、图 2-23、图 2-24 所示的正多边形，分别为圆内接正三边形、圆外切正五边形、圆内接正六边形。

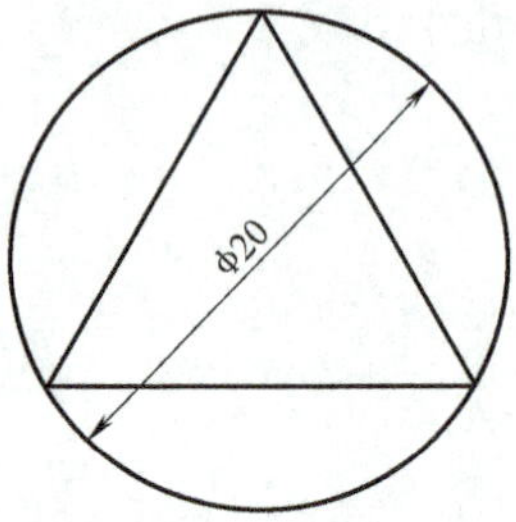

图 2-22 圆内接正三边形

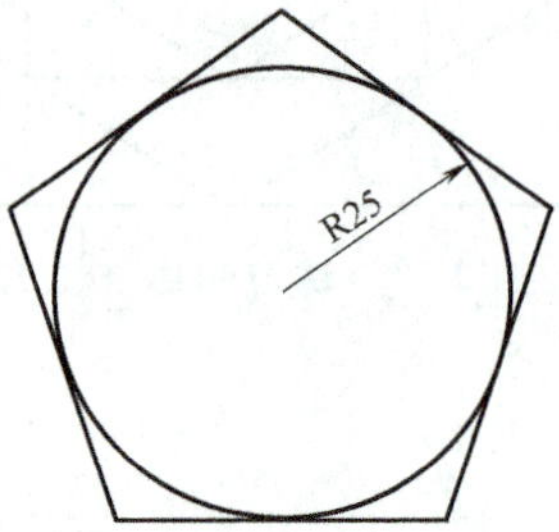

图 2-23 圆外切正五边形

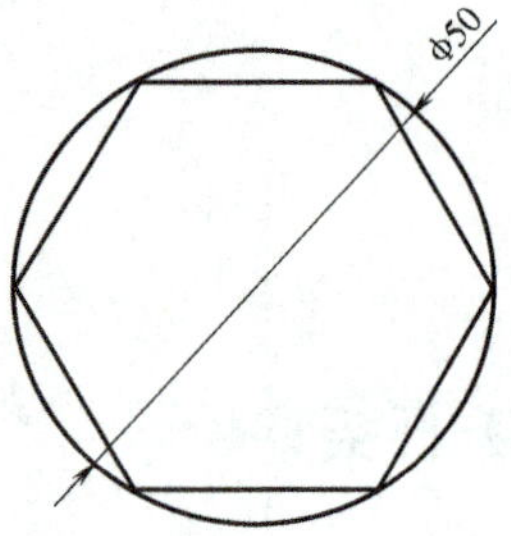

图 2-24 圆内接正六边形

知识链接

在绘制工程图样中经常会遇到正多边形，手工绘制时较为繁琐，而在计算机绘图中通过专门的命令，使得画正多边形同画直线一样简单。可以控制正多边形的边数（3~1024 之间的任意数），按指定方式画正多边形。

一、“正多边形” 命令执行方式

1）菜单栏：选择 “绘图”→“正多边形” 命令。

2）工具栏：单击 “绘图” 工具栏中 “正多边形” 按钮。

3）命令行：输入 “POLYGON”（POL）。

二、正多边形的两种画法

画法一：指定多边形边数及多边形中心。

画法二：指定多边形边数及某一边的两个端点。

三、“正多边形” 命令各选项功能

1）指定多边形的中心点：用户输入多边形边数后，再拾取多边形中心点。

2）内接于圆（I）：根据外接圆生成正多边形。

3）外切于圆（C）：根据内切圆生成正多边形。

4）边（E）：输入正多边形边数后，再指定某条边的两个端点，即可绘制出正多边形。

任务实施

绘制图 2-22、图 2-23、图 2-24 所示图形。

1）绘制图 2-22 所示的圆内接正三边形。

在“绘图”工具栏中，单击“正多边形”按钮，操作步骤如下：

命令:_POLYGON

输入边的数目<4>:3 //输入正多边形边数 3

指定正多边形的中心点或[边(E)]: //在绘图区域内任意拾取一点

输入选项[内接于圆(I)/外切于圆(C)]<I>:I //该正三边形根据外接圆生成正三边形

指定圆的半径:10 //输入外接圆的半径 10

2）绘制图 2-23 所示的圆外切正五边形。

在“绘图”工具栏中，单击“正多边形”按钮，操作步骤如下：

命令:_POLYGON

输入边的数目<4>:5 // 输入正多边形边数 5

指定正多边形的中心点或[边(E)]: //在绘图区域内任意拾取一点

输入选项[内接于圆(I)/外切于圆(C)]<I>:C //该正五边形根据内切圆生成正五边形

指定圆的半径:25 //输入内切圆的半径 25

3）绘制图 2-24 所示的圆内接正六边形。

在“绘图”工具栏中，单击“正多边形”按钮，操作步骤如下：

命令:_POLYGON

输入边的目数<4>:6 //输入正多边形边数 6

指定正多边形的中心点或[边(E)]: //在绘图区域内任意拾取一点

输入选项[内接于圆(I)/外切于圆(C)]<I>:I //该正六边形根据外接圆生成正六边形

指定圆的半径:25 //输入外接圆的半径 25

任务拓展

绘制图 2-25 所示图形。

绘制图 2-26 所示图形。

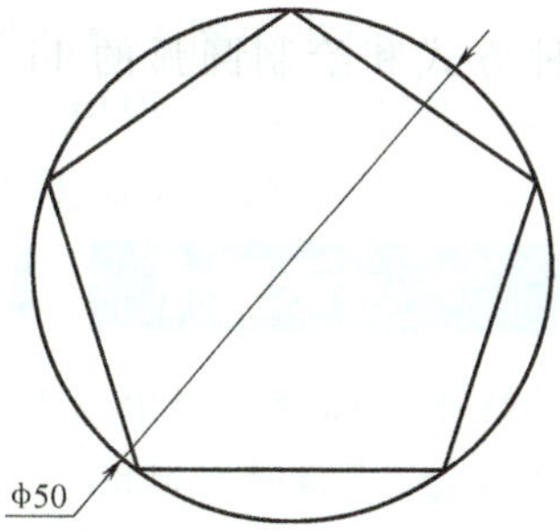

图 2-25 练习图形（一）

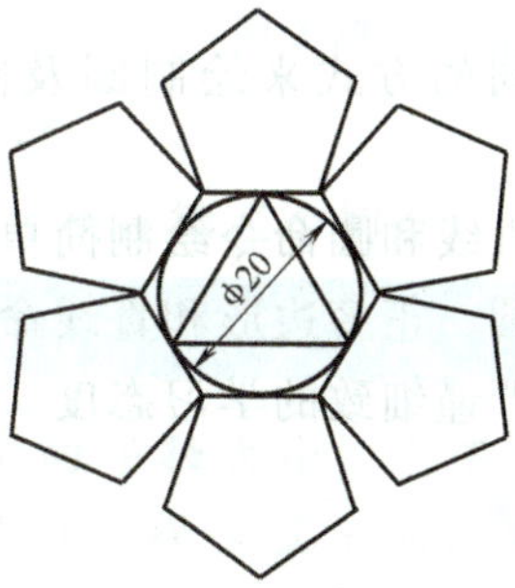

图 2-26 练习图形（二）

操作提示：

绘制正三边形，它内接于直径为 20mm 的圆；绘制正六边形，它外切于直径为 20mm 的圆；绘制正五边形，正五边形的边长和正六边形的边长相等。

在命令提示行出现“指定多边形的中心点或［边（E)]”时，若从键盘输入“E”，即

根据所画圆弧的起点、方向、包角、终点、弦长等参数来控制。

1. “圆弧”命令执行方式

1）菜单栏：选择“绘图”→“圆弧”命令。

2）工具栏：单击“绘图”工具栏中“圆弧”按钮。

3）命令行：输入“ARC”（A）。

2. “圆弧”命令各选项的功能

1）三点（P）：依次输入起点、第二点、端点画圆弧。

2）起点、端点、半径（R）：均为逆时针画圆弧，半径为正时，画小于半径的圆弧。

3）起点、圆心、角度（T）：输入角度为正值，从起点逆时针画圆弧，反之为顺时针。

4）起点、圆心、长度（A）：均为逆时针画圆弧，弦长为正时，画小于半圆的圆弧。

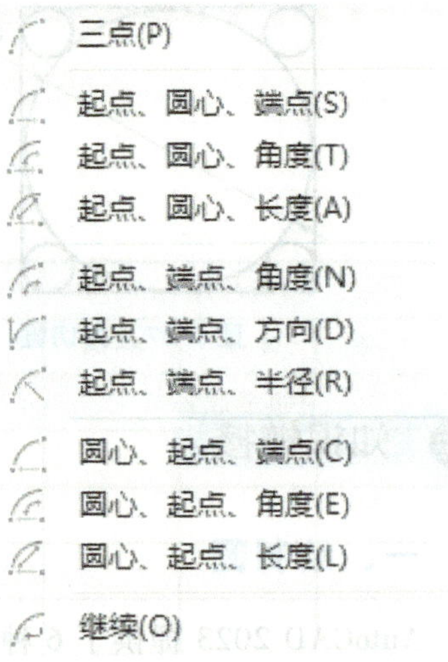

图 2-30 “圆弧”子菜单

5）起点、端点、角度（N）：角度为正，从起点逆时针画圆弧，反之为顺时针。

6）起点、圆心、端点（S）：由起点向端点逆时针方向画圆弧。

7）起点、端点、方向（D）：方向是指圆弧起点的切线方向。

8）继续（O）：以最后一次画的圆弧或直线的终点为起点，按提示给出终点，所画圆弧与前一段圆弧或直线相切。

小提示：

可以看出除第一种方法外，其他方法都是从起点到端点逆时针绘制圆弧。

任务实施

绘制图 2-27、图 2-28 所示的图形。

1. 使用“矩形”和“圆”命令绘制图 2-27 所示图形

1）单击“绘图”工具栏中的“矩形”按钮，操作步骤如下：

命令：_RECTANG

指定第一个角点或[倒角(C)/标高(E)/圆角(F)/厚度(T)/宽度(W)]：

//单击在屏幕上拾取一点

指定另一个角点或[面积(A)/尺寸(D)/旋转(R)]：

//在命令行输入：“@50,50”，结果如图 2-31 所示

图 2-31 矩形

2）选择“绘图”菜单栏中的圆的子菜单下 相切、相切、半径(T) 命令，系统提示：

命令：_CIRCLE

指定圆的圆心或[三点(3P)/两点(2P)/切点、切点、半径(T)]：

指定对象与圆的第一个切点： //用光标在四边形的任意一条边上单击拾取一点
指定对象与圆的第二个切点： //用光标在第一条边的相邻边上任意拾取一点
指定圆的半径:25 //输入圆的半径值25,结果如图2-32所示

3）选择“绘图”菜单栏中的圆的子菜单下 相切、相切、相切(A) 命令，系统提示：
命令:_CIRCLE
指定圆的圆心或[三点(3P)/两点(2P)/切点、切点、半径(T)]:_3P
指定圆上的第一个点:_tan 到 //用光标在四边形的左边的边上拾取一点
指定圆上的第二个点:_tan 到 //用光标在四边形的上边的边上拾取一点
指定圆上的第三个点:_tan 到 //用光标在直径为50的圆的左上角拾取一点,结果如图2-33所示

4）剩下的三个小圆同样用 相切、相切、相切(A) 命令绘制，结果如图2-34所示。

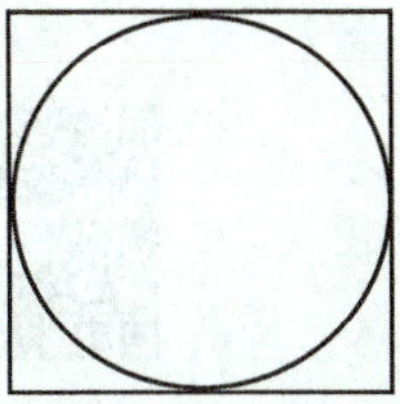
图 2-32 圆（一）

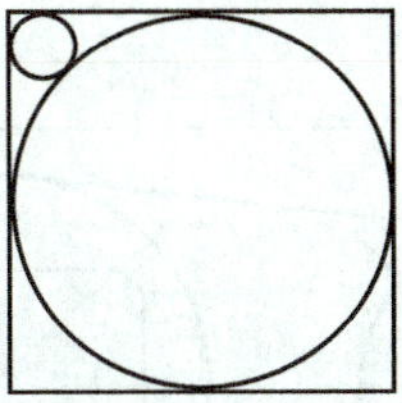
图 2-33 圆（二）

图 2-34 圆（三）

2. 使用“圆”“正多边形”和“直线”命令绘制图2-28所示图形

1）单击“绘图”工具栏中的“圆”按钮，操作步骤如下：
命令:_CIRCLE
指定圆的圆心或[三点(3P)/两点(2P)/切点、切点、半径(T)]:
//在绘图区域任意拾取一点
指定圆的半径或[直径(D)]:25 //输入圆的半径25,如图2-35所示

2）单击“绘图”工具栏中的“正多边形”按钮，操作步骤如下：
命令:_POLYGON
输入侧面数<4>:6 //输入正多边形边数6
指定正多边形的中心点或[边(E)]: //捕捉圆的圆心
输入选项[内接于圆(I)/外切于圆(C)]<I>:I //该正六边形根据外接圆生成正六边形
指定圆的半径:25 //输入外接圆的半径,如图2-36所示

3）调用“直线”命令，将正六边形的对角线连接起来，如图2-37所示。

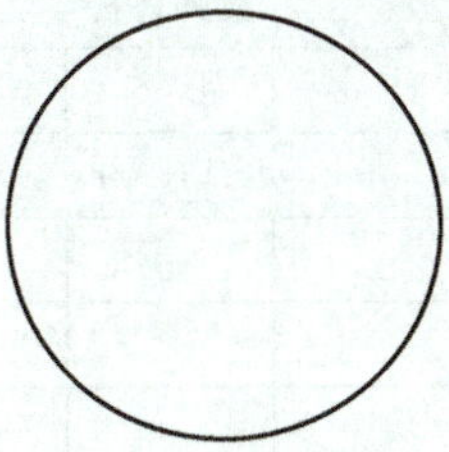
图 2-35 圆

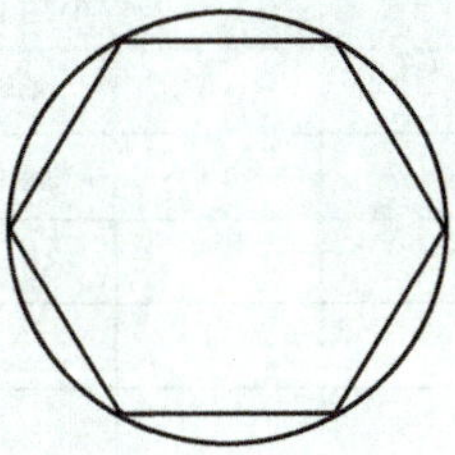
图 2-36 正多边形

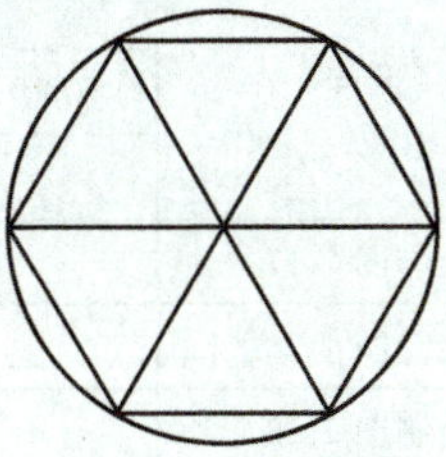
图 2-37 直线

任务拓展

绘制图 2-38 所示的图形。

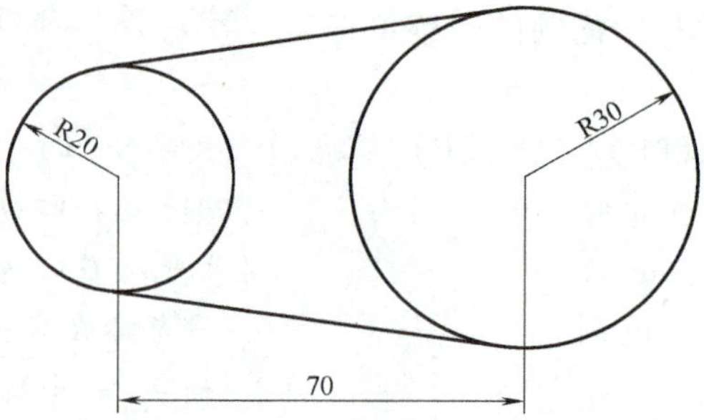

图 2-38 练习图形（一）

绘制图 2-39 所示的图形。

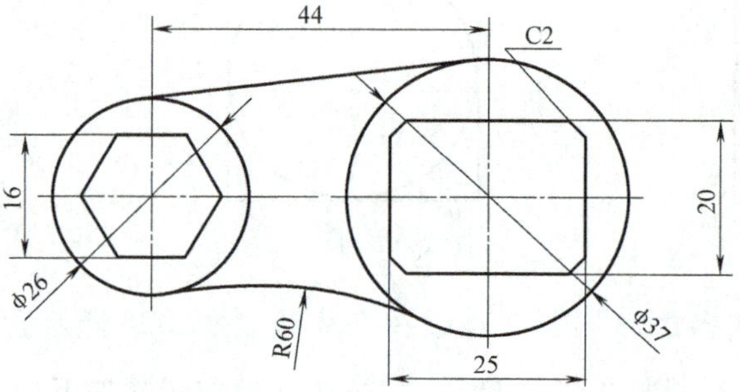

图 2-39 练习图形（二）

操作提示如下：

1）绘制中心线。

2）绘制直径为 26mm 和 37mm 的圆。

3）绘制正六边形。

4）绘制直径为 20mm 的圆。

5）用直线指令连接两圆（打开“对象捕捉”中的“切点捕捉”）。

6）用“相切、相切、半径”命令画半径为 60mm 的圆，然后修剪即可。

任务评价

表 2-4 任务四综合评价表

项目	自我评价			小组评价			教师评价		
	10~9	8~6	5~1	10~9	8~6	5~1	10~9	8~6	5~1
	占总评 10%			占总评 30%			占总评 60%		
绘制图 2-27									
绘制图 2-28									
绘制图 2-38									
绘制图 2-39									

（续）

项目	自我评价			小组评价			教师评价		
	10～9	8～6	5～1	10～9	8～6	5～1	10～9	8～6	5～1
	占总评 10%			占总评 30%			占总评 60%		
安全文明									
时间观念									
学习主动性									
工作态度									
语言表达能力									
团队合作精神									
小计									
总评									

任务五　绘制椭圆及椭圆弧

学习目标

1）学会使用“椭圆”命令的三种方式来绘制椭圆。
2）学会分析图形，灵活运用“椭圆”命令。
3）学会任务拓展中图 2-45 所示图形的绘制方法。
4）培养学生严谨细致的学习态度。

建议学时

2 学时

任务描述

绘制图 2-40 所示椭圆图形，其中长轴 48mm，短轴 24mm。

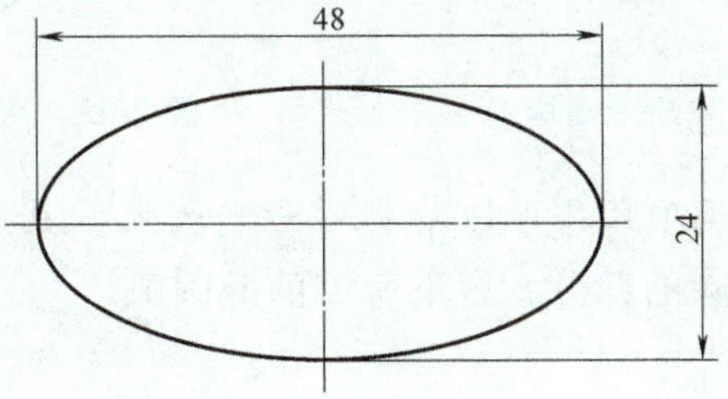

图 2-40　椭圆

知识链接

用手工绘图法绘制椭圆，无论采用何种方法都是非常麻烦的，但在计算机绘图中这一工作将变得非常简单。椭圆包含椭圆中心、长轴及短轴等几何特征。画椭圆的默认方法是指定椭圆第一根轴的两个端点及另一根轴长度的一半。另外，也可通过指定椭圆中心、第一根轴的端点及另一根轴的半轴长度来创建椭圆。

一、执行“椭圆”命令的方法

1）菜单栏：选择“绘图”→“椭圆”命令，弹出“椭圆”子菜单，如图 2-41 所示。

2）工具栏：单击“绘图”工具栏中“椭圆”按钮。

3）命令行：输入“ELLIPSE”（EL）。

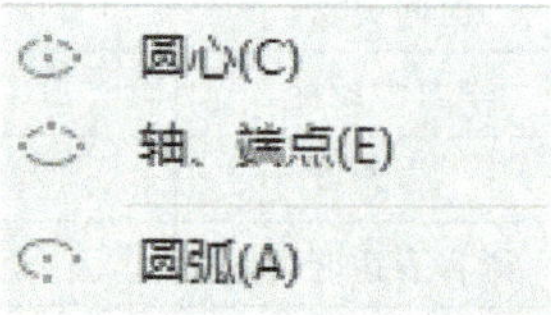

图 2-41 “椭圆”子菜单

二、“椭圆”命令各选项的功能

1）圆心（C）：通过椭圆中心点及长轴、短轴来绘制椭圆，如图 2-42 所示。

选择“绘图”工具栏中“椭圆”子菜单下“圆心”命令，操作步骤如下：

命令:_ELLIPSE

指定椭圆的轴端点或［圆弧(A)/中心点(C)］:_c

指定椭圆的中心点: //指定点 1

指定轴的端点: //指定点 2

指定另一条半轴长度或[旋转(R)]: //输入长度值或指定点 3

2）轴、端点：“轴、端点”方式为默认选项，如图 2-43 所示。

选择“绘图”工具栏中“椭圆”子菜单下“轴、端点”命令，系统提示：

命令:_ELLIPSE

指定椭圆的轴端点或[圆弧(A)/中心点(C)]: //指定点 1

指定轴的另一个端点: //指定点 2

指定另一条半轴长度或[旋转(R)]: //输入长度值或指定点 3

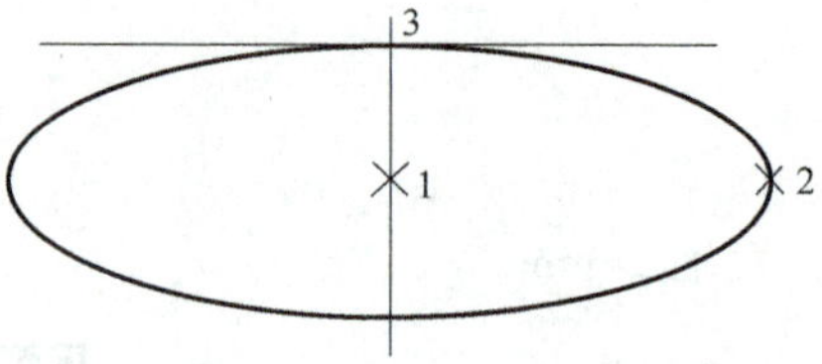

图 2-42 用“圆心”命令画椭圆

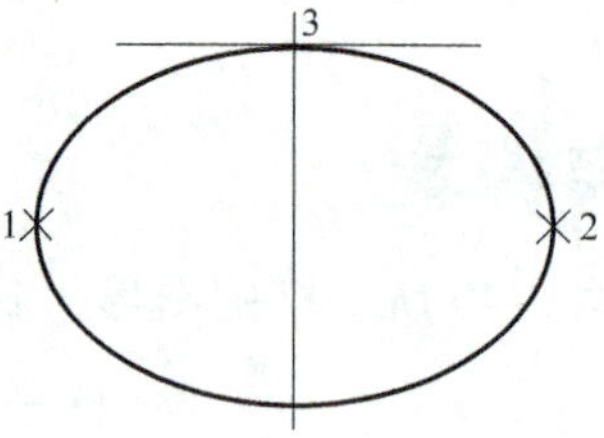

图 2-43 用“轴、端点”命令画椭圆

3）圆弧（A）：使用该选项用户可以绘制一段椭圆弧。其过程是先画一个完整的椭圆，随后系统提示用户选择要删除的部分，留下所需的椭圆弧。

任务实施

绘制图 2-40 所示的椭圆。

单击“绘图”工具栏中“椭圆”按钮，系统提示：

命令:_ELLIPSE

指定椭圆的轴端点或[圆弧(A)/中心点(C)] //在绘图区域内任意拾取一点

指定轴的另一个端点:48　　//打开正交模式,在水平方向上输入 48
指定另一条半轴长度或[旋转(R)]:12　　//在竖直方向上输入 12

任务拓展

绘制图 2-44 所示的图形。

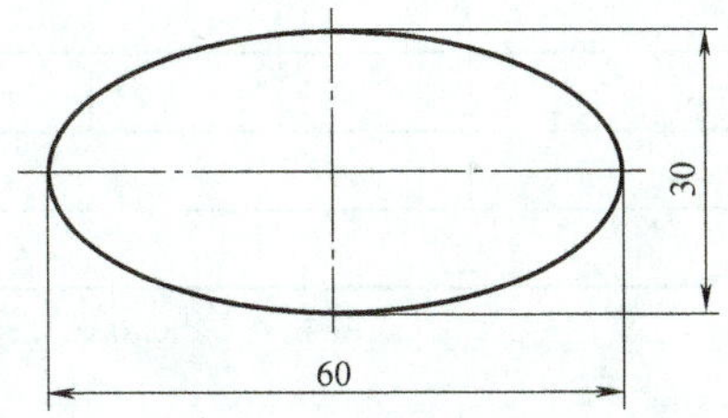

图 2-44　练习图形（一）

绘制图 2-45 所示的图形。

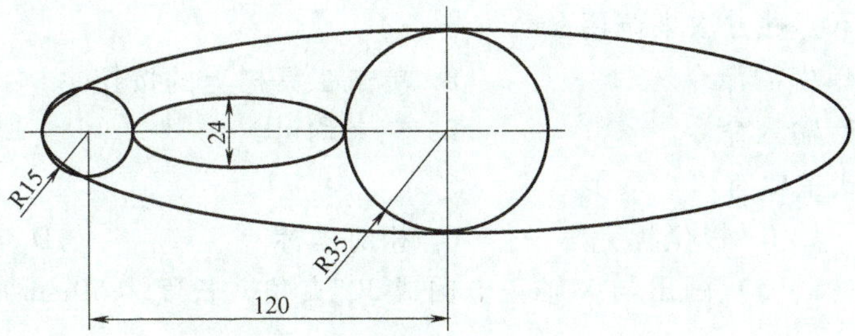

图 2-45　练习图形（二）

操作提示如下：

1）绘制半径为 35mm 的圆。
2）绘制长半轴为 135mm、短半轴为 35mm 的椭圆。
3）绘制半径为 15mm 的圆。
4）绘制长半轴为 35mm、短半轴为 12mm 的椭圆。

任务评价

表 2-5　任务五综合评价表

项目	自我评价			小组评价			教师评价		
	10~9	8~6	5~1	10~9	8~6	5~1	10~9	8~6	5~1
	占总评 10%			占总评 30%			占总评 60%		
绘制图 2-40									
绘制图 2-44									
绘制图 2-45									
安全文明									
时间观念									
学习主动性									

（续）

项目	自我评价			小组评价			教师评价		
	10~9	8~6	5~1	10~9	8~6	5~1	10~9	8~6	5~1
	占总评 10%			占总评 30%			占总评 60%		
工作态度									
语言表达能力									
团队合作精神									
小计									
总评									

试题集萃

1. 取消命令的执行键是（　　）。

A. F1　　B. Esc　　C. 鼠标右键　　D. Enter

2. 可以利用以下哪种方法来调用命令（　　）。

A. 选择下拉菜单中的命令　　B. 单击工具栏上的按钮

C. 在命令状态行输入命令　　D. 三者均可

3. 坐标输入方式主要有（　　）。

A. 绝对坐标　　B. 极坐标　　C. 相对坐标　　D. 球坐标

4. 如果从起点（5，5）画出与 X 轴正方向成 30°夹角，长度为 50mm 的直线段，应输入（　　）。

A. 50，30　　B. 30，50　　C. @50<30　　D. @30，50

5. 在 AutoCAD 2023 中，系统提供了（　　）种命令用来绘制圆弧。

A. 11　　B. 6　　C. 8　　D. 9

6. 应用“相切、相切、相切”方式画圆时，（　　）。

A. 相切的对象必须是直线　　B. 不需要指定圆的半径和圆心

C. 从下拉菜单激活画圆命令　　D. 不需要指定圆心但要输入圆的半径

7. 在 AutoCAD 中，使用“绘图”→“矩形”命令可以绘制多种图形，以下答案中最恰当的是（　　）。

A. 倒角矩形　　B. 有厚度的矩形

C. 圆角矩形　　D. 以上答案全正确

8. （　　）命令不能绘制三角形。

A. LINE　　B. RECTANG　　C. POLYGON　　D. PLINE

项目三

常用编辑工具的使用

项目描述

通过灵活应用辅助绘图工具完成稍复杂的图形，图形的编辑方法一般都有多种方式，在选择何种编辑工具完成图形之前需要仔细地读图，寻找最佳编辑方法。绘制以下图形时分别应用了删除、修剪、缩放、偏移、延伸、圆角、复制、阵列、多线段、旋转、移动、倒角、镜像等工具。

任务一　绘制五角星

学习目标

1）熟练运用“修改”工具栏中“删除”“修剪”“缩放”命令。

2）完成图3-1所示五角星的绘制。

3）培养学生爱国主义、责任担当的精神。

建议学时

2学时

任务描述

通过学习能绘制出五角星，并且能运用“删除”“修剪”等命令来完成本次学习活动。

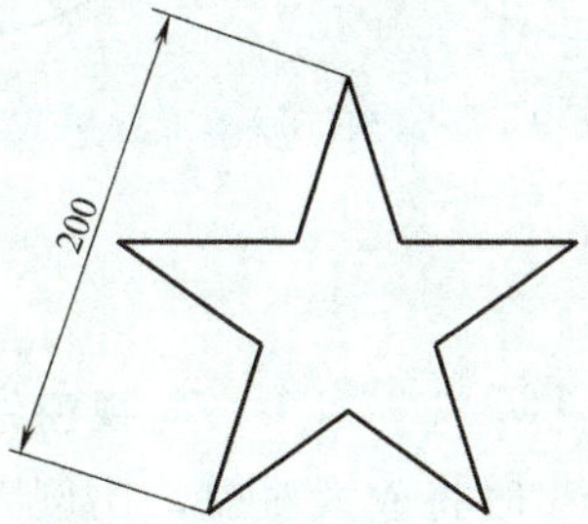

图3-1　五角星

知识链接

一、删除

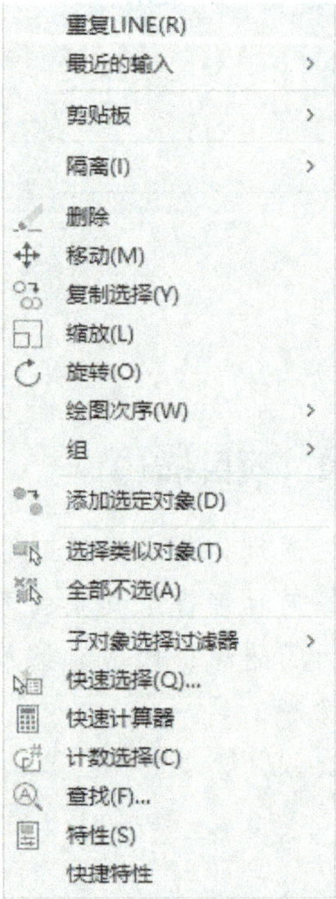

图 3-2 快捷菜单

删除功能用于删除图面中多余的实体，相当于橡皮的功能。

调用“删除”命令的方法如下：

1）菜单栏：选择“修改”→“删除”命令。

2）工具栏：单击“修改”工具栏中“删除” 按钮。

3）命令行：输入“ERASE”（E）。

4）快捷菜单：选择要删除的对象，在绘图区域中右击，弹出右键快捷菜单，如图 3-2 所示，然后选择其中的“删除”命令。

二、修剪

修剪功能是在一个或多个对象定义的边界上精确地修剪对象。

调用“修剪”命令的方法如下：

1）菜单栏：选择“修改”→“修剪”命令。

2）工具栏：单击“修改”工具栏中“修剪” 按钮。

3）命令行：输入“TRIM”（TR）。

图 3-3 修剪前后的操作步骤如下：

命令:_TRIM

当前设置:投影=UCS,边=无

选择剪切边…

选择对象或<全部选择>:↙ //按<Enter>键,全部选择

选择要修剪的对象,或按住<Shift>键选择要延伸的对象,或[栏选(F)/窗交(C)/投影(P)/边(E)/删除(R)/放弃(U)]: //单击修剪的部分

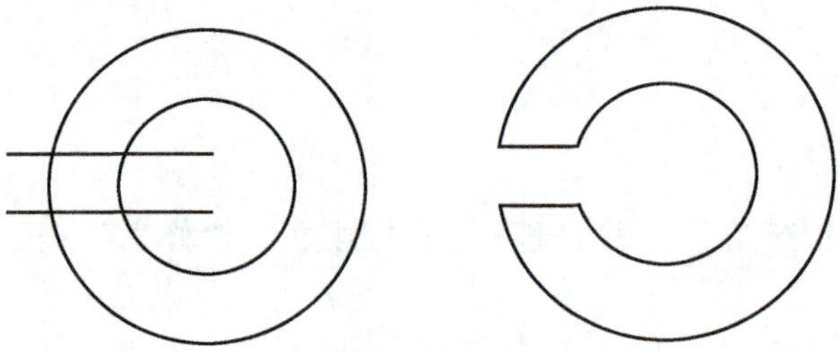

图 3-3 修剪前、后图形效果对比

三、缩放

缩放功能是按统一比例放大或缩小选择对象，与视窗缩放不同的是，缩放命令将更改选定对象的真实尺寸。比例因子大于 1 时将放大对象，比例因子小于 1 时将缩小对象。

调用“缩放”命令的方法如下：

1）菜单栏：选择“修改”→“缩放”命令。

2）工具栏：单击“修改”工具栏中“缩放” 按钮。

3）命令行：输入“SCALE”（SC）。

4）快捷菜单：选择要缩放的对象，在绘图区域中右击，如图 3-2 所示，弹出右键快捷菜单后选择其中的“缩放”命令。

任务实施

绘制图 3-1 所示的五角星图形。

1）单击“绘图”工具栏中的“直线” 按钮，系统提示：

命令：_LINE

指定第一点：　　//在绘图区域任选一点，确定直线的起点

指定下一点或［放弃(U)］：@ 200<72　　//相对极坐标，结果如图 3-4 所示

指定下一点或［放弃(U)］：@ 200<288　　//相对极坐标，结果如图 3-5 所示

指定下一点或［闭合(C)/放弃(U)］：@ 200<144　　//相对极坐标，结果如图 3-6 所示

指定下一点或［放弃(U)］：200　　//打开正交模式，光标指向水平向右结果如图 3-7 所示

指定下一点或［放弃(U)］：C　　//输入“C”，结果如图 3-8 所示

图 3-4　直线（一）

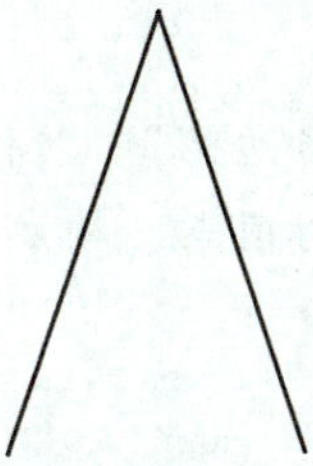

图 3-5　直线（二）

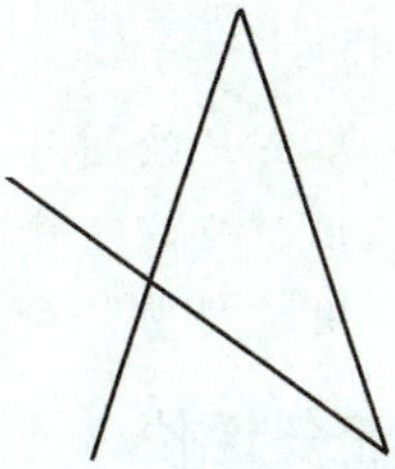

图 3-6　直线（三）

2）单击“修剪”工具栏中的“修剪” 按钮，修剪需要删除的线条，得到图 3-9 所示五角星图形。

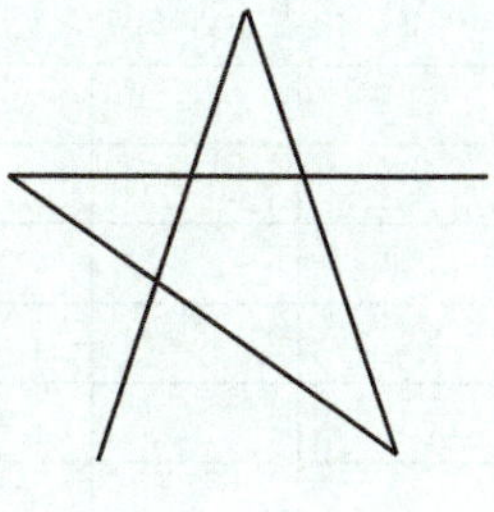

图 3-7　直线（四）

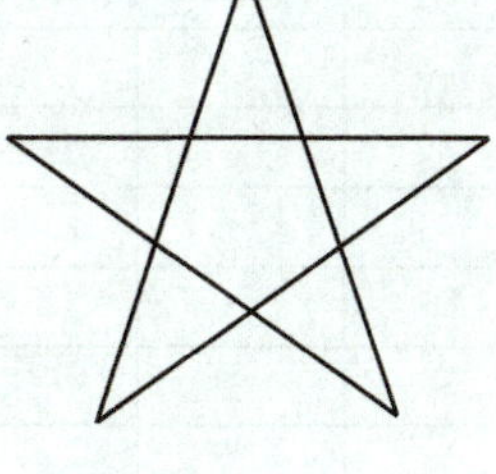

图 3-8　直线（五）

图 3-9　五角星

任务拓展

缩放图 3-10 所示图形，按 2∶1 或 1∶2 的比例。

绘制图 3-11 所示的图形。

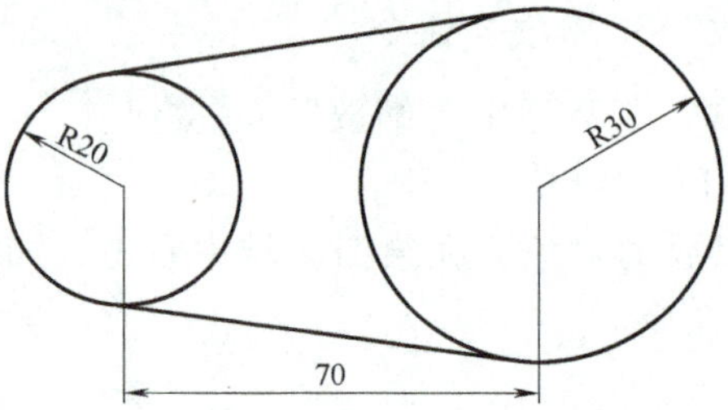

图 3-10　练习图形（一）

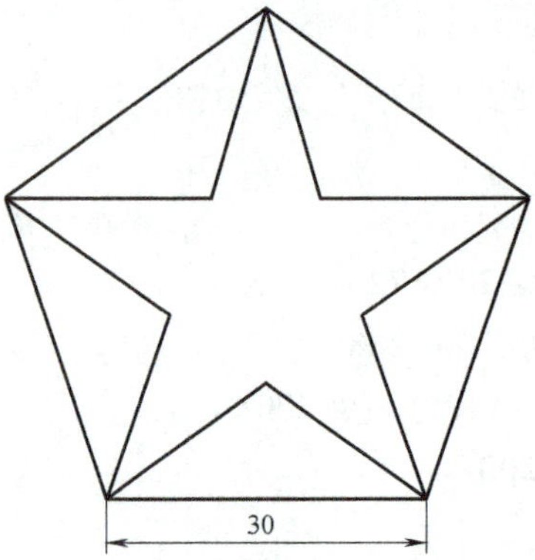

图 3-11　练习图形（二）

操作提示：

1）单击“绘图”工具栏中的“正多边形”按钮，绘制边长为30mm的正五边形。

2）用“直线”命令连接正五边形的顶点，构成五角星。

3）用“修剪”命令修剪多余的线段。

任务评价

表 3-1　任务一综合评价表

项目	自我评价			小组评价			教师评价		
	10~9	8~6	5~1	10~9	8~6	5~1	10~9	8~6	5~1
	占总评 10%			占总评 30%			占总评 60%		
绘制图 3-1									
缩放图 3-10									
绘制图 3-11									
安全文明									
时间观念									
学习主动性									
工作态度									
语言表达能力									
团队合作精神									
小计									
总评									

任务二　绘制操场跑道

学习目标

1）能学会“修改”工具栏中“偏移”“延伸”“分解”命令的用法。

2）完成图 3-16 所示操场跑道图形的绘制。

3）培养学生精益求精的工匠精神。

建议学时

2 学时

知识链接

一、偏移

偏移功能用于创建与选定对象平行的新对象，多用于绘制平行线或同心圆、等距曲线等。

1. 调用“偏移”命令的方法

1）菜单栏：选择“修改”→“偏移”命令。

2）工具栏：单击“修改”工具栏中“偏移” 按钮。

3）命令行：输入“OFFSET”（O）。

由图 3-12 和图 3-13 对比可知，可以使用“偏移”命令，单击“修改”工具栏中的“偏移” 按钮，系统提示：

命令:_OFFSET

当前设置:删除源=否　图层=源　OFFSETGAPTYPE=0

指定偏移距离或[通过(T)/删除(E)/图层(L)]<通过>:4　　//指定偏移距离

选择要偏移的对象,或[退出(E)/放弃(U)/]<退出>:　　//单击图 3-12 所示圆

指定要偏移的那一侧上的点,或[退出(E)/多个(M)/放弃(U)]<退出>:M

//输入“M”,偏移多个对象

指定要偏移的那一侧上的点,或[退出(E)/放弃(U)]<下一个对象>:

//在图 3-12 所示圆的外侧单击两次,可完成图 3-13 所示图形

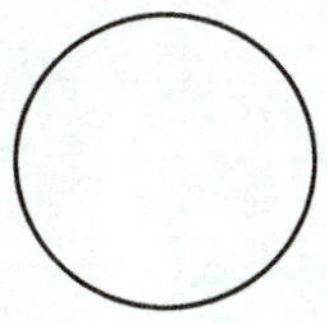

图 3-12　偏移前图形

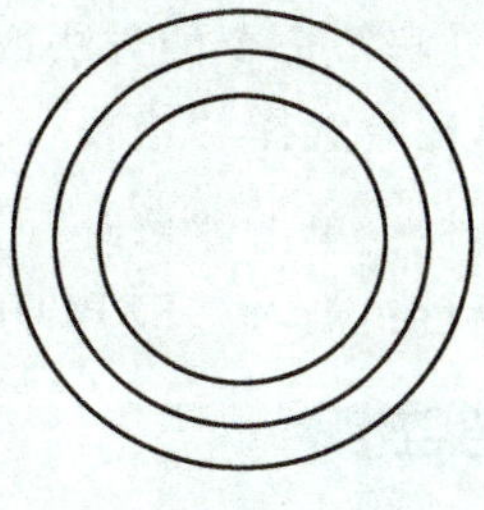

图 3-13　偏移后图形

2. 偏移命令中各个选项的功能

1）通过（T）：创建通过指定点的新对象。

2）删除（E）：偏移源对象后将其删除。

3）图层（L）：用于确定将偏移对象创建在当前图层上还是源对象所在的图层上。

4）多个（M）：可以使用当前偏移距离重复进行偏移操作，同时对通过点的模式也起作用。

二、延伸

调用“延伸”命令的方法如下：

1）菜单栏：选择“修改”→“延伸”命令。

2）工具栏：单击“修改”工具栏中“延伸”按钮。

3）命令行：输入“EXTEND”（EX）。

由图3-14和图3-15对比可知，可以使用延伸命令，单击“修改”工具栏上的“延伸”按钮，系统提示：

命令:_EXTEND

当前设置:投影=UCS,边=无

选择边界的边……

选择对象或<全部选择>:↙　　//按<Enter>键,全部选择

选择要延伸的对象,或按住<Shift>键选择要修剪的对象,或[栏选(F)/窗交(C)/投影(P)/边(E)/放弃(U)]:　　//单击直线A

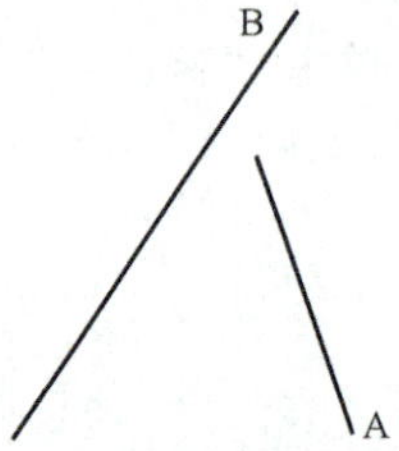

图3-14　延伸前图形

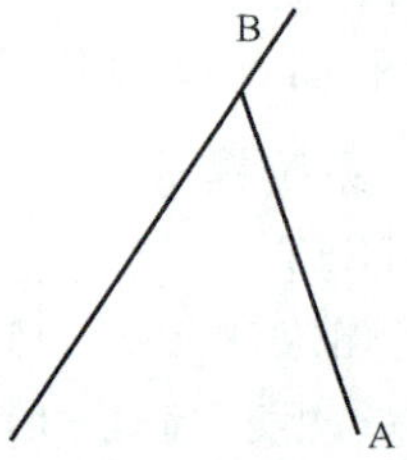

图3-15　延伸后图形

三、分解

分解功能是将复合对象分解为其部件对象，在需要单独修改复合对象的部件时，可分解复合对象，可以分解的对象包括块、多段线及面域等。

调用“分解”命令的方法如下：

1）菜单栏：选择“修改”→“分解”命令。

2）工具栏：单击“修改”工具栏中“分解”按钮。

3）命令行：输入“EXPLODE”（X）。

任务实施

绘制图3-16所示的操场跑道图形。

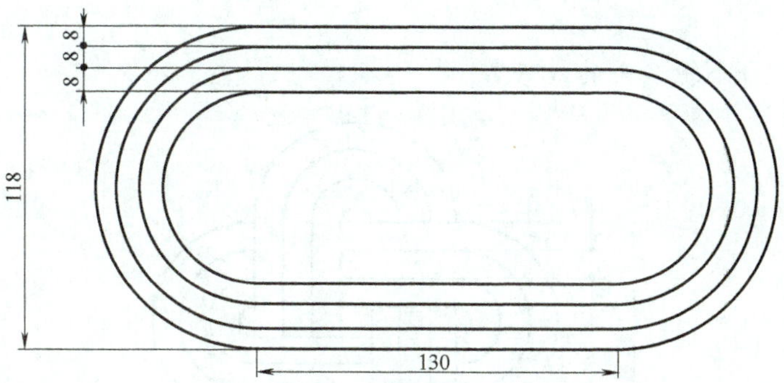

图 3-16 操场跑道

1. 绘制圆角矩形

单击“绘图”工具栏中的“矩形” 按钮，系统提示：

命令:_RECTANG

指定第一个角点或[倒角(C)/标高(E)/圆角(F)/厚度(T)/宽度(W)]:F

//输入“F”,使用圆角矩形指令

指定矩形的圆角半径<0.0000>:59 //输入圆角半径值 59

指定第一个角点或[倒角(C)/标高(E)/圆角(F)/厚度(T)/宽度(W)]:

//在绘图区域任意拾取一点

指定另一个角点或[面积(A)/尺寸(D)/旋转(R)]:@ 248,118

//输入相对坐标@ 248,118

2. 绘制剩余部分

单击“修改”工具栏中的“偏移” 按钮，系统提示：

命令:_OFFSET

当前设置:删除源=否 图层=源 OFFSETGAPTYPE=0

指定偏移距离或[通过(T)/删除(E)/图层(L)]<通过>:8 //输入偏移距离 8

选择要偏移的对象,或[退出(E)/放弃(U)/]<退出>: //用鼠标选择圆角矩形

指定要偏移的那一侧上的点,或[退出(E)/多个(M)/放弃(U)]<退出>:M

//输入“M”,偏移多个

指定要偏移的那一侧上的点,或[退出(E)/放弃(U)]<下一个对象>:

//在圆角矩形的内侧单击三次,可完成图 3-16 所示图形

任务拓展

应用偏移指令绘制图 3-17 所示的图形。

绘制图 3-18 所示的图形。

操作提示：

1）绘制水平的图形，和画操场跑道的方法一样。

2）绘制竖直的图形时，可以用“圆”命令画出圆，用“修剪”命令修剪

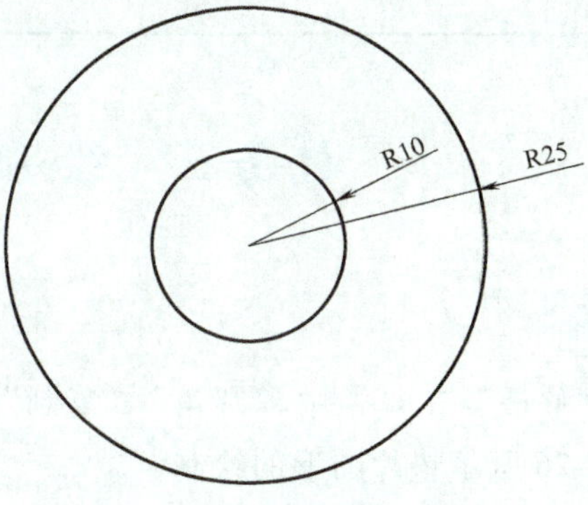

图 3-17 练习图形（一）

后，再进行偏移。

3）用“修剪”命令把多余的线修剪。

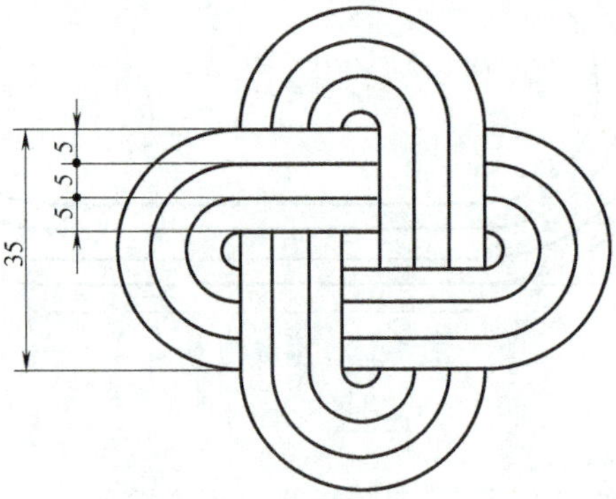

图 3-18　练习图形（二）

任务评价

表 3-2　任务二综合评价表

项目	自我评价			小组评价			教师评价		
	10～9	8～6	5～1	10～9	8～6	5～1	10～9	8～6	5～1
	占总评 10%			占总评 30%			占总评 60%		
绘制图 3-16									
绘制图 3-17									
绘制图 3-18									
安全文明									
时间观念									
学习主动性									
工作态度									
语言表达能力									
团队合作精神									
小计									
总评									

任务三　绘制垫片

学习目标

1）能学会“修改”工具栏中“圆角”“复制”“阵列”指令的用法。

2）完成图 3-26 所示垫片图形的绘制。

3）培养学生精益求精的工匠精神。

建议学时

2 学时

知识链接

一、圆角

圆角功能是通过一个指定半径的圆弧来光滑地连接两个对象。

调用“圆角”命令的方法如下：

1）菜单栏：选择“修改”→“圆角”命令。

2）工具栏：单击“修改”工具栏中“圆角”按钮。

3）命令行：输入“FILLET”（F）。

由图 3-19 和图 3-20 对比可知，使用“圆角”命令，单击“修改”工具栏中的“圆角”按钮，系统提示：

命令:_FILLET

当前设置:模式=修剪,半径=0. 0000

选择第一个对象或[放弃(U)/多段线(P)/半径(R)/修剪(T)/多个(M)]:R

//输入“R”,选择指定圆角半径进行绘图

指定圆角半径<0. 0000>:5　//输入圆角半径值 5

选择第一个对象或[放弃(U)/多段线(P)/半径(R)/修剪(T)/多个(M)]:M

//输入“M”,选择多个

选择第一个对象或[放弃(U)/多段线(P)/半径(R)/修剪(T)/多个(M)]:

//依次选择每个直角边,结果如图 3-20 所示

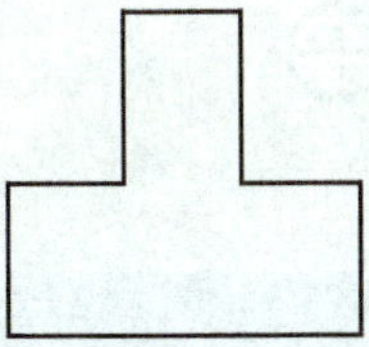

图 3-19　修剪前图形

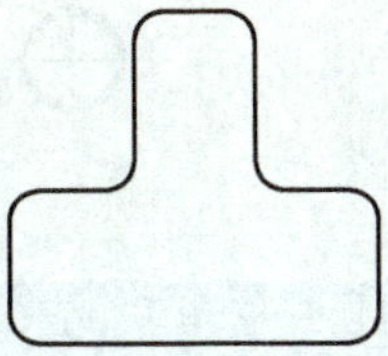

图 3-20　修剪后图形

二、复制

复制功能是从源对象以指定的角度和方向创建对象的副本，将已有图形复制到指定位置。

调用“复制”命令的方法如下：

1）菜单栏：选择“修改”→“复制”命令。

2）工具栏：单击“修改”工具栏中“复制”按钮。

3）命令行：输入“COPY”（CO）。

4）快捷菜单：选择要复制的对象，在绘图区域中右击，如图 3-2 所示，弹出右键快捷菜单后选择“复制选择”命令。

三、阵列

阵列功能是在矩形或环形（圆形）阵列中创建对象的副本，如果是创建多个定间距的对象，阵列比复制速度要快。

对于矩形阵列，可以控制行和列的数目以及它们之间的距离；对于环形阵列，可以控制对象副本的数目并决定是否旋转副本。

调用“阵列”命令的方法如下：

1）菜单栏：选择“修改”→“阵列”命令。

2）工具栏：单击“修改”工具栏中“阵列”按钮。

3）命令行：输入“ARRAY”（AR）。

执行以上任意一种方法，选择阵列对象，右击，系统将弹出如图 3-21 所示的对话框。在该对话框中，输入 3 行、4 列，行介于和列介于分别取 20 和 30，单击“关闭阵列”按钮，结果如图 3-22 所示。

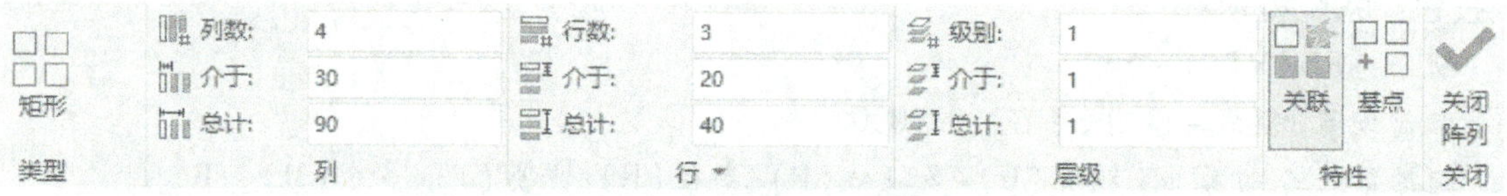

图 3-21 “阵列”对话框

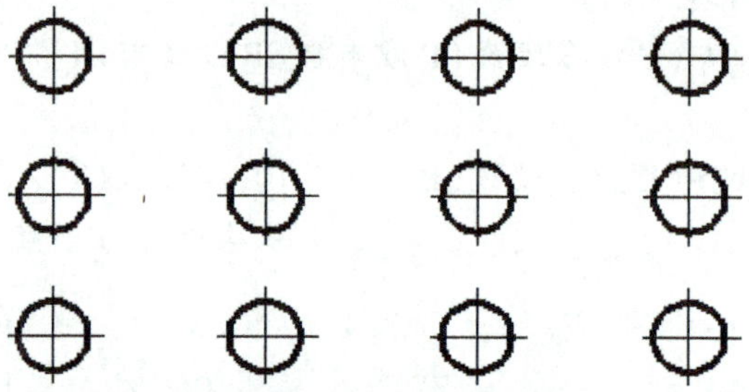

图 3-22 “阵列”后效果

小提示：

行和列偏移的值有正负之分，行偏移的正方向竖直向上，列偏移的正方向水平向右。

单击右侧的倒三角形符号，在下拉选项中选择“环形阵列”对话框，如图 3-23 所示。

在该对话框中，输入项目数为 6（包括源对象本身），选定中心点和源对象，单击“关闭阵列”按钮，结果如图 3-24 所示。若取消选中“旋转项目”复选按钮，则环形阵列后结果如图 3-25 所示。

小提示：

在命令行提示下输入“ARRAY”，阵列命令将不显示对话框。

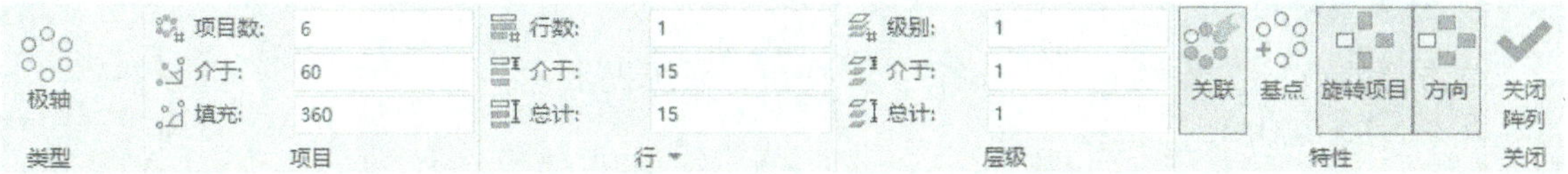

图 3-23　“环形阵列”对话框

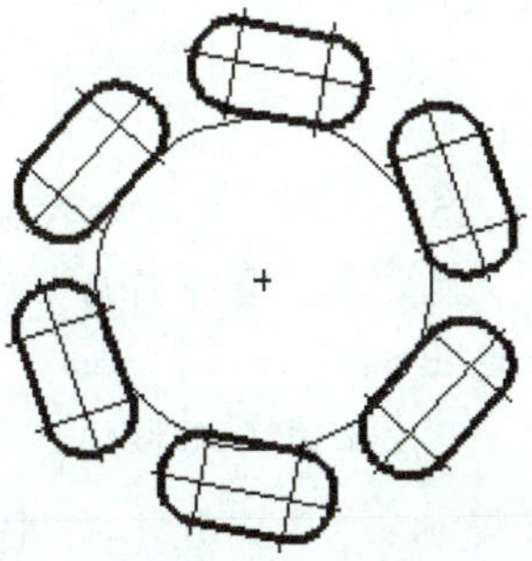

图 3-24　选定中心点和源对象

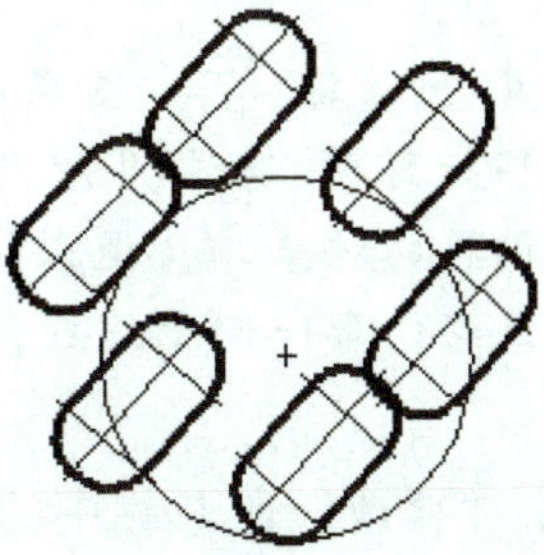

图 3-25　“复制时不旋转项目”运行结果

任务实施

绘制图 3-26 所示的垫片图形。

1. 绘制矩形

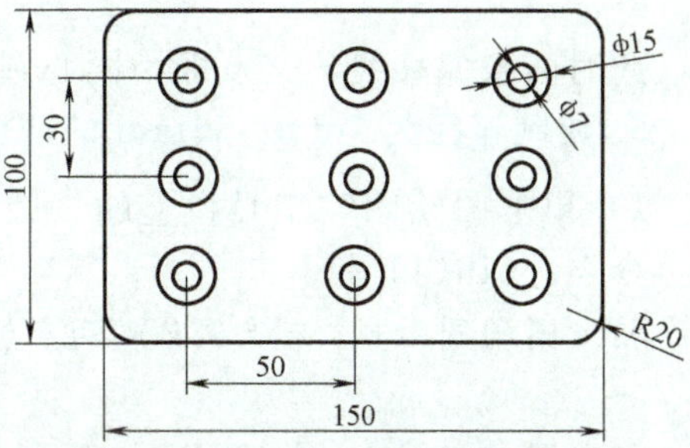

图 3-26　垫片图形

单击“绘图”工具栏上的“矩形”按钮，系统提示：

命令:_RECTANG

指定第一个角点或[倒角(C)/标高(E)/圆角(F)/厚度(T)/宽度(W)]:

//在绘图区域任意拾取一点

指定另一个角点或[面积(A)/尺寸(D)/旋转(R)]:@ 150,100　　//输入相对坐标

2. 对矩形进行倒圆角

单击“修改”工具栏上的“圆角”按钮，系统提示：

命令:_FILLET

当前设置:模式 = 修剪,半径 = 0.0000

选择第一个对象或[放弃(U)/多段线(P)/半径(R)/修剪(T)/多个(M)]:R

//输入“R”,选择指定圆角半径进行绘图

指定圆角半径<0.0000>:10　　//输入圆角半径值 10

选择第一个对象或[放弃(U)/多段线(P)/半径(R)/修剪(T)/多个(M)]:M

//输入“M”,选择多个

选择第一个对象或[放弃(U)/多段线(P)/半径(R)/修剪(T)/多个(M)]:

//依次选择每个直角边

3. 分解圆角矩形

单击“修改”工具栏上的“分解”按钮，系统提示：

命令：_EXPLODE

选择对象：　　//单击圆角矩形

4. 找出左下角一组同心圆的圆心

1）单击“修改”工具栏上的“偏移”按钮，系统提示：

命令：_OFFSET

当前设置：删除源=否　图层=源　OFFSETGAPTYPE=0

指定偏移距离或[通过(T)/删除(E)/图层(L)]<通过>：25　　//输入偏移距离 25

选择要偏移的对象，或[退出(E)/放弃(U)/]<退出>：　　//选择圆角矩形左面的边

指定要偏移的那一侧上的点，或[退出(E)/放弃(U)]<退出>：

//在圆角矩形的内侧单击一次

2）单击“修改”工具栏中的“偏移”按钮，系统提示：

命令：_OFFSET

当前设置：删除源=否　图层=源　OFFSETGAPTYPE=0

指定偏移距离或[通过(T)/删除(E)/图层(L)]<25.0000>：20　　//输入偏移距离 20

选择要偏移的对象，或[退出(E)/放弃(U)/]<退出>：选择对象　//选择圆角矩形下面的边

指定要偏移的那一侧上的点，或[退出(E)/放弃(U)]<退出>：

//在圆角矩形的内侧单击一次

此时两条偏移线的交点即为同心圆的圆心。

5. 绘制直径为 7mm、15mm 的两个同心圆

1）单击“绘图”工具栏上的“圆”按钮，系统提示：

命令：_CIRCLE

指定圆的圆心或[三点(3P)/两点(2P)/切点、切点、半径(T)]：

//选择刚才偏移的两条线的交点

指定圆的半径或[直径(D)]：7　　//输入半径值 7

2）单击“绘图”工具栏上的“圆”按钮，系统提示：

命令：_CIRCLE

指定圆的圆心或[三点(3P)/两点(2P)/切点、切点、半径(T)]：

//选择刚才偏移的两条线的交点

指定圆的半径或[直径(D)]：15　　//输入半径值 15

6. 用“阵列”命令绘制剩余的同心圆

单击“修改”工具栏中“阵列”按钮，系统将弹出如图 3-21 所示的对话框。在该对话框中，选中“矩形阵列”前的单选按钮，输入 3 行、3 列，行介于和列介于分别取 50 和 30，选中两个同心圆，单击“确定”按钮，结果如图 3-26 所示。

任务拓展

绘制图 3-27 所示图形。

绘制图 3-28 所示的铣刀平面图。

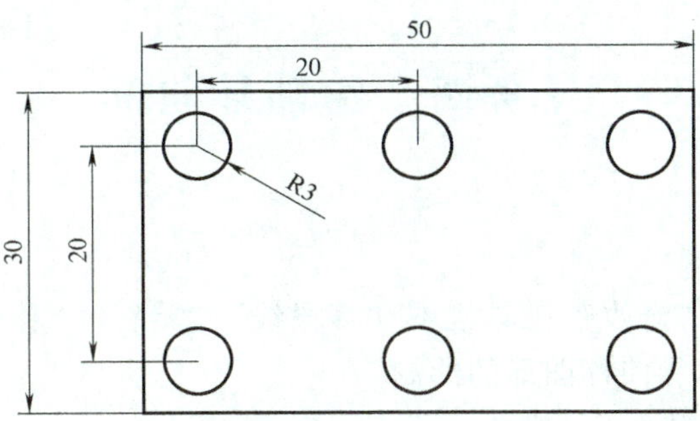

图 3-27 练习图形

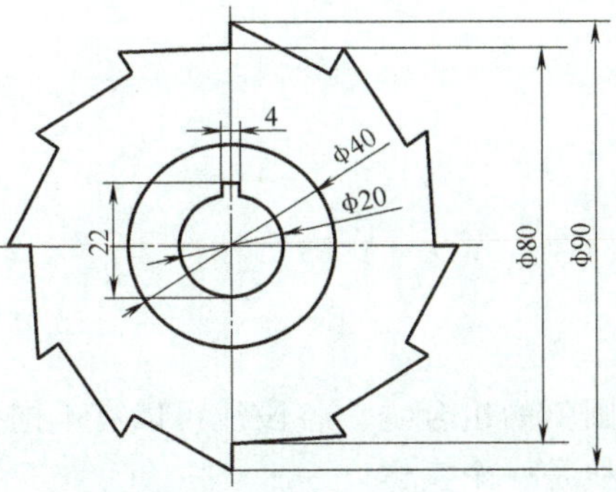

图 3-28 铣刀平面图

操作提示：

1）绘制 4 个同心圆。

2）绘制中心孔键槽。

3）绘制铣刀齿，先绘制一个，再进行阵列。

任务评价

表 3-3 任务三综合评价表

项目	自我评价			小组评价			教师评价		
	10~9	8~6	5~1	10~9	8~6	5~1	10~9	8~6	5~1
	占总评 10%			占总评 30%			占总评 60%		
绘制图 3-26									
绘制图 3-27									
绘制图 3-28									
安全文明									
时间观念									
学习主动性									
工作态度									
语言表达能力									
团队合作精神									
小计									
总评									

任务四 绘制导向标

学习目标

1）能学会“绘图”“修改”工具栏中“多段线”“旋转”“移动”命令的用法。
2）完成图 3-30 所示导向标图形的绘制。
3）培养学生精益求精的工匠精神。

建议学时

2 学时

知识链接

一、多段线

多段线是一系列直线与圆弧的组合线，各段线可以有不同线宽，同一段线还可以首尾具有不同线宽，而且整条多段线是一个实体。

1. 调用“多段线”命令的方法

1）菜单栏：选择“绘图”→“多段线”命令。
2）工具栏：单击“绘图”工具栏中“多段线”按钮。
3）命令行：输入“PLINE”（PL）。

执行以上任意一种方法，命令行提示如下：

命令:_PLINE
指定起点： //指定多段线起点
当前线宽为 0.0000
指定下一点或[圆弧(A)/半宽(H)/长度(L)/放弃(U)/宽度(W)]：

2.“多段线”命令各选项的功能

1）长度（L）：设定直线段的长度。
2）宽度（W）：设定线段的起点宽度和终点宽度，可以相同也可以不同。
3）半宽（H）：设定线宽的一半值。
4）圆弧（A）：进入画圆弧方式，选择该选项后，又会出现一组子命令选项：

指定圆弧的端点或[角度(A)/圆心(CE)/方向(D)/半宽(H)/直线(L)/半径(R)/第二点(S)/放弃(U)/宽度(W)]：

3. 绘制图 3-29 所示的多段线

单击“绘图”工具栏中“多段线”按钮，系统提示：

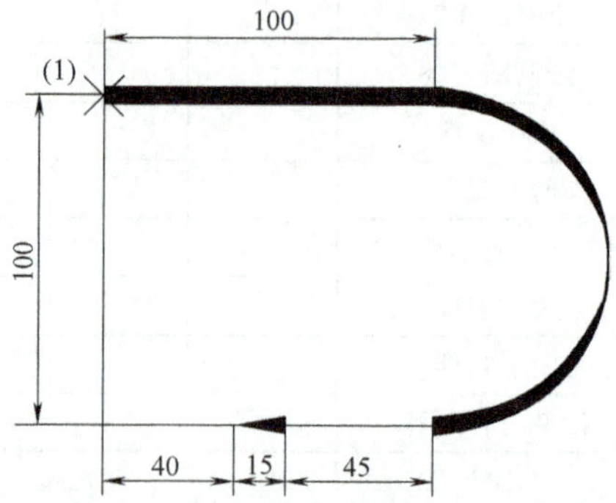

图 3-29 多段线

命令:_PLINE
指定起点: //指定点(1)
当前线宽为:0.0000
指定下一点或[圆弧(A)/半宽(H)/长度(L)/放弃(U)/宽度(W)]:W //输入“W”
指定起点宽度<0.0000>:5 //输入起点宽度值 5
指定端点宽度<5.0000>:↙ //按<Enter>键
指定下一点或[圆弧(A)/半宽(H)/长度(L)/放弃(U)/宽度(W)]:100
//打开正交模式,输入长度值 100,指定水平方向右边一点
指定下一点或[圆弧(A)/半宽(H)/长度(L)/放弃(U)/宽度(W)]:W //输入“W”
指定起点宽度<5.0000>:↙ //按<Enter>键
指定端点宽度<5.0000>:0 //输入端点宽度值 0
指定下一点或[圆弧(A)/半宽(H)/长度(L)/放弃(U)/宽度(W)]:A //输入“A”
指定圆弧的端点或[角度(A)/圆心(CE)/方向(D)/半宽(H)/直线(L)/半径(R)/第二点(S)/放弃(U)/宽度(W)]:A //输入“A”
指定包含角:-90 //输入“-90”
指定圆弧的端点或[圆心(CE)/半径(R)]:R //输入“R”
指定圆弧的半径:50 //输入圆弧半径 50
指定圆弧的弦方向<0>:45 //输入“45”
指定圆弧的端点或[角度(A)/圆心(CE)/方向(D)/半宽(H)/直线(L)/半径(R)/第二点(S)/放弃(U)/宽度(W)]:W //输入“W”
指定起点宽度<0.0000>:↙ //按<Enter>键
指定端点宽度<0.0000>:5 //输入端点宽度值 5
指定圆弧的端点或[角度(A)/圆心(CE)/方向(D)/半宽(H)/直线(L)/半径(R)/第二点(S)/放弃(U)/宽度(W)]:A //输入“A”
指定包含角:-90 //输入“-90”
指定圆弧的端点或[圆心(CE)/半径(R)]:R //输入“R”
指定圆弧的半径:50 //输入圆弧半径 50
指定圆弧的弦方向<270>:225 //输入“225”
指定圆弧的端点或[角度(A)/圆心(CE)/方向(D)/半宽(H)/直线(L)/半径(R)/第二点(S)/放弃(U)/宽度(W)]:L //输入“L”
指定下一点或[圆弧(A)/闭合(C)/半宽(H)/长度(L)/放弃(U)/宽度(W)]:W
//输入“W”
指定起点宽度<0.0000>:5 //输入起点宽度值 5
指定端点宽度<5.0000>:0 //输入端点宽度值 0
指定下一点或[圆弧(A)/闭合(C)/半宽(H)/长度(L)/放弃(U)/宽度(W)]:15
//先指定方向,输入“15”
指定下一点或[圆弧(A)/闭合(C)/半宽(H)/长度(L)/放弃(U)/宽度(W)]:40
//先指定方向,输入“40”

指定下一点或[圆弧(A)/闭合(C)/半宽(H)/长度(L)/放弃(U)/宽度(W)]:C

//输入"C",闭合多段线

小提示:

多段线提供单个直线所不具备的编辑功能。例如，可以调整多段线的宽度和曲率。创建多段线之后，可以使用 PEDIT 命令对其进行编辑，或者使用 EXPLODE 命令将其转换成单独的直线段和弧线段。

二、旋转

旋转功能是使选择对象绕一个基点旋转一个相对或绝对的角度，并可以选择是否保留源对象。

调用“旋转”命令的方法如下：

1）菜单栏：选择“修改”→“旋转”命令。

2）工具栏：单击“修改”工具栏中“旋转”按钮。

3）命令行：输入“ROTATE”（RO）。

4）快捷菜单：选择要旋转的对象，在绘图区域中右击，如图 3-2 所示，弹出右键快捷菜单后选择其中的“旋转”命令。

三、移动

移动功能是在指定方向上按指定距离移动对象。

调用“移动”命令的方法如下：

1）菜单栏：选择“修改”→“移动”命令。

2）工具栏：单击“修改”工具栏中“移动”按钮。

3）命令行：输入“MOVE”（M）。

4）快捷菜单：选择要移动的对象，在绘图区域中右击，弹出右键快捷菜单后选择“移动”命令，如图 3-2 所示。

任务实施

绘制图 3-30 所示的导向标图形。

1. 绘制外圈的圆环

单击“绘图”工具栏中“圆环”按钮，系统提示：

命令:_DONUT

指定圆环的内径<0.0000>:16　　//输入圆环内径值 16

指定圆环的外径<16.0000>:19　　//输入圆环外径值 19

指定圆环的中心点或<退出>　　//在绘图区域任意拾取一点

图 3-30　导向标图形

2. 绘制折弯箭头

单击“绘图”工具栏中“多段线”按钮，系统提示：

命令:_PLINE

指定起点：　　　　　　　　　　　　　　　　　　　//在绘图区域任意拾取一点

当前线宽为:0.0000

指定下一点或[圆弧(A)/半宽(H)/长度(L)/放弃(U)/宽度(W)]:W

指定起点宽度<0.0000>:1

指定端点宽度<1.0000>:↙　　　　　　　　　　　　　　　　　　//按<Enter>键

指定下一点或[圆弧(A)/半宽(H)/长度(L)/放弃(U)/宽度(W)]:5

//打开正交模式,光标向上导向,输入“5”

指定下一点或[圆弧(A)/闭合(C)/半宽(H)/长度(L)/放弃(U)/宽度(W)]:A

指定圆弧的端点或[角度(A)/圆心(CE)/方向(D)/半宽(H)/直线(L)/半径(R)/第二点(S)/放弃(U)/宽度(W)]:R

指定圆弧的半径:2

指定圆弧的端点或[角度(A)]0>:A

指定包含角:-90　　　　　　//由于弧形是顺时针方向,顺时针为负,所以为-90°

指定圆弧的弦方向<90>:45　　　//此处的设置颇为关键,圆弧占整个圆的1/4,本段圆弧的切线方向为45°,所以在这里输入弦方向为45

指定圆弧的端点或[角度(A)/圆心(CE)/方向(D)/半宽(H)/直线(L)/半径(R)/第二点(S)/放弃(U)/宽度(W)]:L

指定下一点或[圆弧(A)/闭合(C)/半宽(H)/长度(L)/放弃(U)/宽度(W)]:3

指定下一点或[圆弧(A)/闭合(C)/半宽(H)/长度(L)/放弃(U)/宽度(W)]:W

指定起点宽度<1.0000>:3

指定端点宽度<3.0000>:0

指定下一点或[圆弧(A)/闭合(C)/半宽(H)/长度(L)/放弃(U)/宽度(W)]:3

3. 将折弯箭头移动到圆环内的合适位置

单击“修改”工具栏中“移动”按钮，系统提示：

命令:_MOVE

选择对象：　　　　　　　　　　　　　　　　　　　　　//选择折弯箭头

指定基点或[位移(D)]<位移>：　　　　　　　　　　//在绘图区域任意指定一点

指定第二个点或<使用第一个点作为位移>：　　　　//移动折弯箭头图形到圆环中心即可

任务拓展

使用旋转命令的方法完成直线的60°旋转，如图3-31所示。

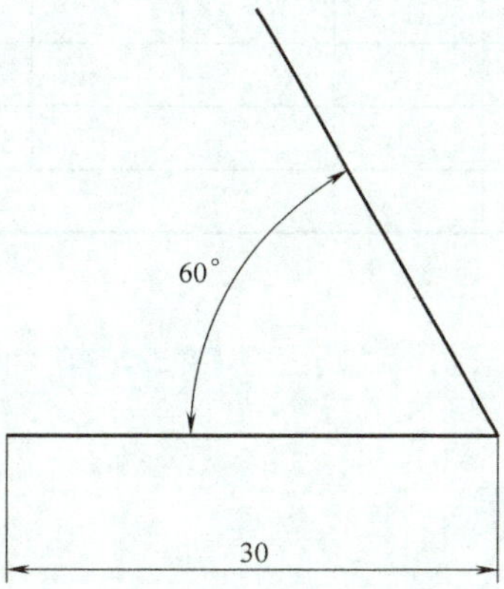

图 3-31　直线的60°旋转

绘制图3-32所示的图形。

操作提示：

1）绘制中心线和水平方向的两组同心圆。

2）用“直线”命令绘制直线的部分。

3）用“旋转”命令旋转出83°倾斜的部分。

4）用“倒角”命令绘制出半径为8mm的圆弧。

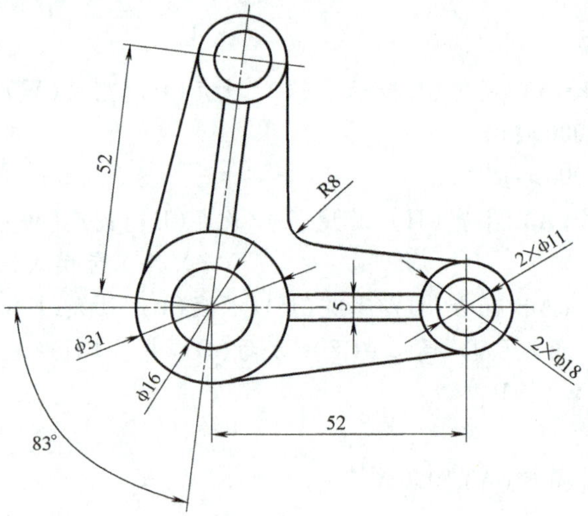

图 3-32　练习图形

任务评价

表 3-4　任务四综合评价表

项目	自我评价			小组评价			教师评价		
	10~9	8~6	5~1	10~9	8~6	5~1	10~9	8~6	5~1
	占总评 10%			占总评 30%			占总评 60%		
绘制图 3-29									
绘制图 3-30									
绘制图 3-31									
绘制图 3-32									
安全文明									
时间观念									
学习主动性									
工作态度									
语言表达能力									
团队合作精神									
小计									
总评									

任务五　绘制阶梯轴

学习目标

1）能学会“修改”工具栏中“倒角”“镜像”命令的用法。

2）完成图 3-37 所示阶梯轴的绘制。

3）培养学生精益求精的工匠精神。

建议学时

2 学时

知识链接

一、倒角

倒角功能是连接两个非平行的对象，通过延伸或修剪，它们相交或利用斜线连接。

调用“倒角”命令的方法如下：

1）菜单栏：选择“修改”→“倒角”命令。

2）工具栏：单击“修改”工具栏中“倒角”按钮。

3）命令行：输入“CHAMFER”（CHA）。

执行以上任意一种方法，命令行提示如下：

命令:_CHAMFER

(“修剪”模式)当前倒角距离 1=0.0000,距离 2=0.0000

选择第一条直线或[放弃(U)/多段线(P)/距离(D)/角度(A)/修剪(T)/方式(E)/多个(M)]:

选择第二条直线,或按住<Shift>键选择要应用角点的直线:

该命令中各选项的功能如下：

1）多段线（P）：选择多段线后其每个顶点处均做倒角处理，倒角线将成为多段线新的组成部分。如果多段线包含的线段过短以至无法容纳倒角距离，则不对这些线段倒角，图 3-33a 所示为选定多段线，图 3-33b 所示为结果。

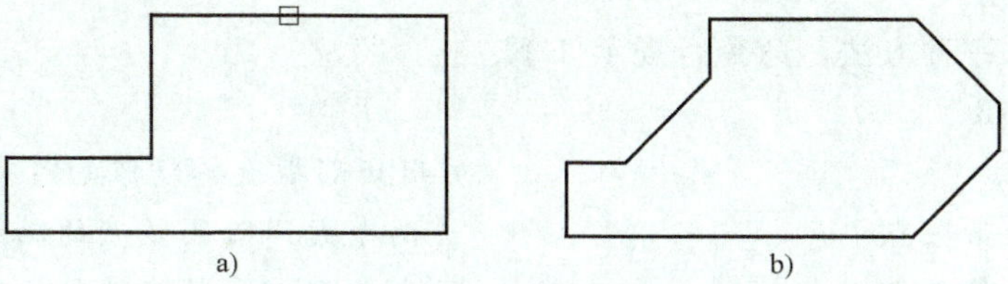

图 3-33　多段线（P）选项

2）距离（D）：指定倒角距离，两条边上的距离可以相等，也可以不等，图 3-34a 所示

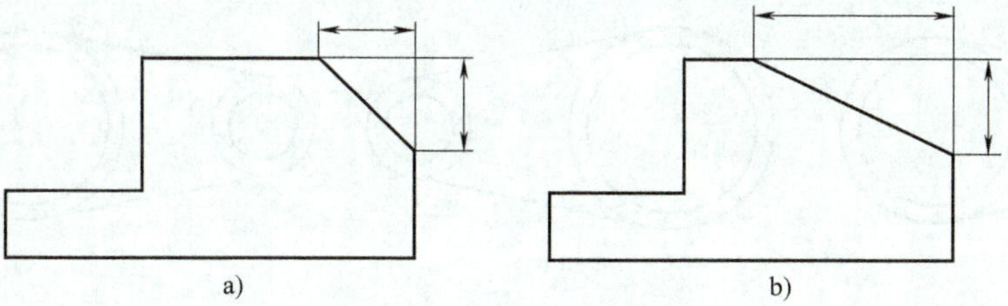

图 3-34　距离（D）选项

为相等距离，图 3-34b 所示为不等距离。

3）角度（A）：通过第一条线的倒角距离和倒角角度设定倒角距离，如图 3-35 所示。

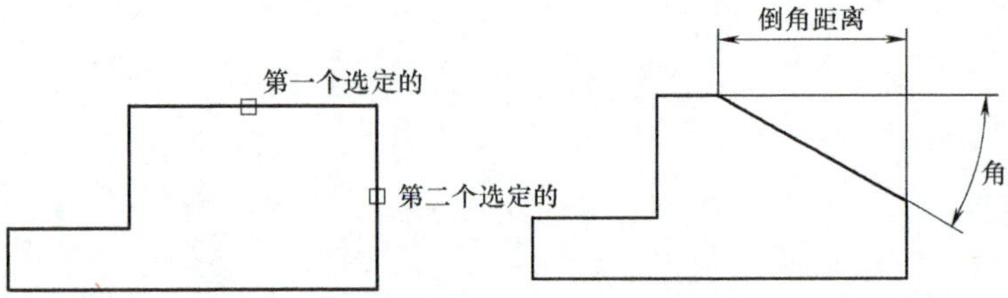

图 3-35　角度（A）选项

4）修剪（T）：控制是否将选定边修剪，在默认情况下对象将被修剪到倒角线端点。

5）方式（E）：控制是使用两个距离，还是一个距离、一个角度来创建倒角。

6）多个（M）：连续进行多处倒角，直到按<Enter>键结束命令。

小提示：

如果要被倒角的两个对象都在同一图层，则倒角线将位于该图层，否则倒角线将位于当前图层。

二、镜像

镜像功能是绕指定轴翻转对象创建对称的镜像图像。镜像对创建对称的图形非常有用，它可以快速地绘制图形的一半后将其镜像，而不必绘制整个图形。

调用“镜像”命令的方法如下：

1）菜单栏：选择“修改”→“镜像”命令。

2）工具栏：单击“修改”工具栏中“镜像”按钮。

3）命令行：输入“MIRROR”（MI）。

执行以上任意一种方法，命令行提示如下：

命令:_MIRROR

选择对象：　　　　//用矩形框选择镜像的对象，如图 3-36a 所示

指定镜像线的第一点：　　　　//两个大同心圆竖直的轴线上任意拾取一点

指定镜像线的第二点：　　　　//两个大同心圆竖直的轴线上任意拾取第二点

是否删除源对象？[是(Y)/否(N)]<N>：　　　　//输入“Y”，结果如图 3-36b 所示

输入“N”，结果如图 3-36c 所示

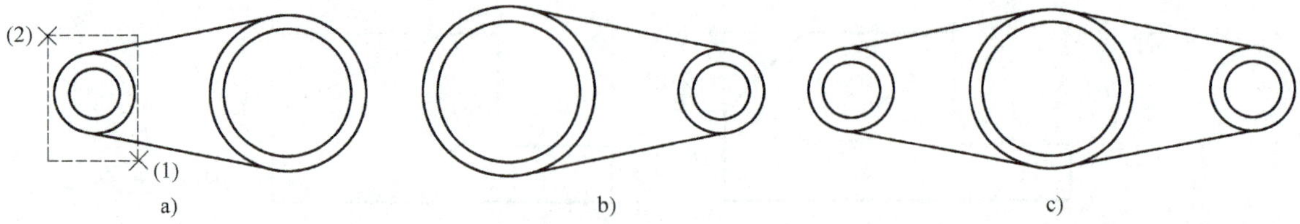

图 3-36　镜像

小提示：

输入两点可以指定临时镜像线，如果是将图形上已有的直线作为镜像线，可使用端点捕捉选定该直线，还可以选择是删除源对象，还是保留源对象。

任务实施

绘制图 3-37 所示的阶梯轴图形。

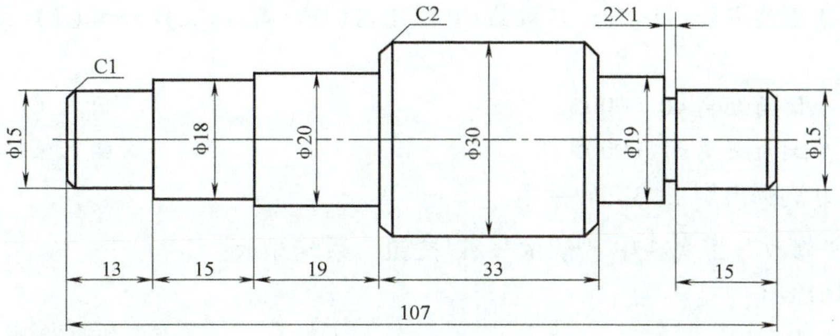

图 3-37 阶梯轴

1）绘制轴线。

2）单击“绘图”工具栏中的“直线” 按钮，系统提示：

命令:_LINE

指定第一点: //单击轴线的左端点

指定下一点或[放弃(U)]:7.5

//单击正交按钮,沿竖直方向向上移动光标,输入“7.5”

指定下一点或[放弃(U)]:13 //沿水平方向向右移动光标,输入“13”

指定下一点或[闭合(C)/放弃(U)]:1.5 //沿竖直方向向上移动光标,输入“1.5”

指定下一点或[闭合(C)/放弃(U)]:15 //沿水平方向向右移动光标,输入“15”

指定下一点或[闭合(C)/放弃(U)]:1 //沿竖直方向向上移动光标,输入“1”

指定下一点或[闭合(C)/放弃(U)]:19 //沿水平方向向右移动光标,输入“19”

指定下一点或[闭合(C)/放弃(U)]:5 //沿竖直方向向上移动光标,输入“5”

指定下一点或[闭合(C)/放弃(U)]:33 //沿水平方向向右移动光标,输入“33”

指定下一点或[闭合(C)/放弃(U)]:5.5 //沿竖直方向向下移动光标,输入“5.5”

指定下一点或[闭合(C)/放弃(U)]:10 //沿水平方向向右移动光标,输入“10”

指定下一点或[闭合(C)/放弃(U)]:3 //沿竖直方向向下移动光标,输入“3”

指定下一点或[闭合(C)/放弃(U)]:2 //沿水平方向向右移动光标,输入“2”

指定下一点或[闭合(C)/放弃(U)]:1 //沿竖直方向向上移动光标,输入“1”

指定下一点或[闭合(C)/放弃(U)]:15 //沿水平方向向右移动光标,输入“15”

指定下一点或[闭合(C)/放弃(U)]:7.5 //沿竖直方向向下移动光标,输入“7.5”

3）单击“修改”工具栏中“延长” 按钮，系统提示：

命令:_EXTEND

当前设置:投影=UCS,边=无

选择边界的边……

选择对象或<全部选择>:↙ //按<Enter>键，全部选择

选择要延伸的对象，或按住<Shift>键选择要修剪的对象，或[栏选(F)/窗交(C)/投影(P)/边(E)/放弃(U)]: //单击要延伸的直线

4）单击“修改”工具栏中“倒角” 按钮，系统提示：

命令:_CHAMFER

(“修剪”模式)当前倒角距离 1=0.0000，距离 2=0.0000

选择第一条直线或[放弃(U)/多段线(P)/距离(D)/角度(A)/修剪(T)/方式(E)/多个(M)]:D //输入“D”

指定第一个倒角距离<0.0000>:1 //输入第一个倒角距离 1

指定第二个倒角距离<1.0000>:1 //输入第二个倒角距离 1

用同样的方法倒出剩下的三处倒角。

5）单击“修改”工具栏中“镜像” 按钮，系统提示：

命令:_MIRROR

选择对象: //用矩形框选择镜像的对象

指定镜像线的第一点: //轴线的左端点

指定镜像线的第二点: //轴线的右端点

是否删除源对象？[是(Y)/否(N)]<N>:N↙ //输入“N”，按<Enter>键完成

6）用“直线”命令把倒角处的直线画出。

任务拓展

绘制图 3-38 所示的图形。

绘制图 3-39 所示的图形。

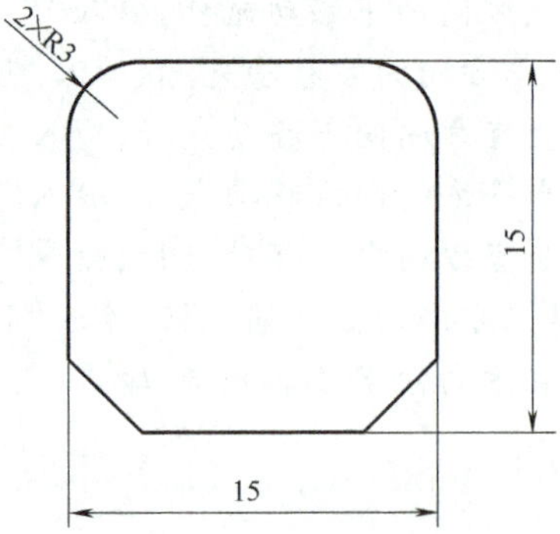

图 3-38 练习图形（一）

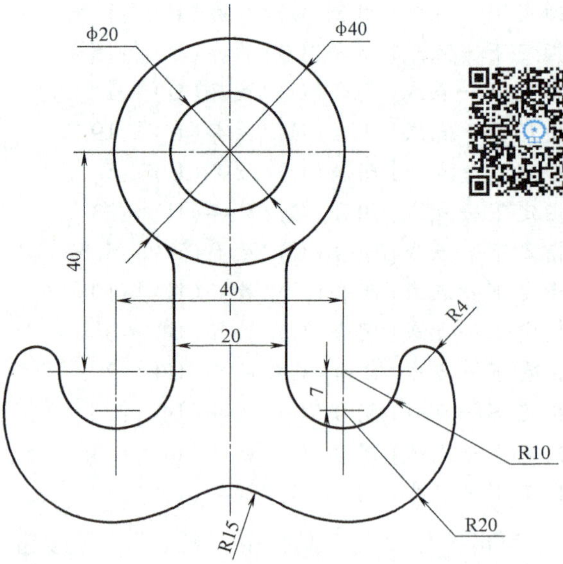

图 3-39 练习图形（二）

操作提示：

1）画出中心线。

2）先画出一侧的图，用“镜像”命令画出该图。

3）找半径为 10mm 和 20mm 的圆心时用“偏移”命令先找出圆的圆心。

4）用“相切、相切、半径”命令画半径为 4mm 和 15mm 的圆。

任务评价

表 3-5 任务五综合评价表

项目	自我评价			小组评价			教师评价		
	10~9	8~6	5~1	10~9	8~6	5~1	10~9	8~6	5~1
	占总评 10%			占总评 30%			占总评 60%		
绘制图 3-37									
绘制图 3-38									
绘制图 3-39									
安全文明									
时间观念									
学习主动性									
工作态度									
语言表达能力									
团队合作精神									
小计									
总评									

试题集萃

1. 按比例改变图形实际大小的命令是（　　）。

A. OFFSET　　B. SCALE　　C. ZOOM　　D. STRETCH

2. 改变图形实际位置的命令是（　　）。

A. ZOOM　　B. MOVE　　C. PAN　　D. OFFSET

3. 如果想把直线、弧和多线段的端点延长到指定的边界，则应该使用（　　）命令。

A. FILLET　　B. ARRAY　　C. EXTEND　　D. PEDIT

4. 半径尺寸标注文字的默认前缀是（　　）。

A. R　　B. D　　C. Rad　　D. Radius

5. 在绘制二维图形时，要绘制多段线，可以选择（　　）命令。

A. “绘图”→“3D 多段线”　　B. “绘图”→“多段线”

C. “绘图”→“样条曲线”　　D. “绘图”→“多线”

6.（　　）命令可以将直线、圆、多线段等对象做同心复制，且如果对象是闭合的图形，则执行该命令后的对象将被放大或缩小。

A. OFFSET　　B. SCALE　　C. ZOOM　　D. COPY

7.（　　）命令用于把单个或多个对象从它们的当前位置移至新位置，且不改变对象的尺寸和方位。

A. ARRAY　　B. COPY　　C. MOVE　　D. ROTATE

8.（　　）命令可以对两个对象用圆弧进行连接。

A. CHAMFER　　B. PEDIT　　C. FILLET　　D. ARRAY

项目四

设置图层及对象特性

项目描述

通过学习在软件中如何设置图层、颜色、线型和线宽，完成圆柱直齿轮及校园平面图的绘制，掌握设置对象的特征、图层、颜色、线型和线宽以及图案填充的方法。

完成图 4-1、图 4-23、图 4-38、图 4-39、图 4-40、图 4-51、图 4-52 所示图形的绘制，绘制时注意应用对象特征管理器修改对象的特征，并独立完成任务拓展。

任务一　绘制圆柱直齿轮

学习目标

1）能完成圆柱直齿轮的绘制。

2）通过绘制圆柱直齿轮，学会在软件中设置图层、颜色、线型和线宽的方法及学会如何对图形进行填充。

3）通过“学中做，做中学”，使学生具备较好的制图能力和解决制图中实际问题的能力。

建议学时

6 学时

任务描述

通过绘制图 4-1 所示圆柱直齿轮，熟练掌握如何设置图层、颜色、线型和线宽及如何对图形进行填充。

知识链接

一、图层

图层是 AutoCAD 的一个重要的绘图工具，也是 AutoCAD 中最有效的工具之一。图层相当于没有厚度的透明纸，利用图层命令将一张图样分成若干层，用于按功能在图形中组织和

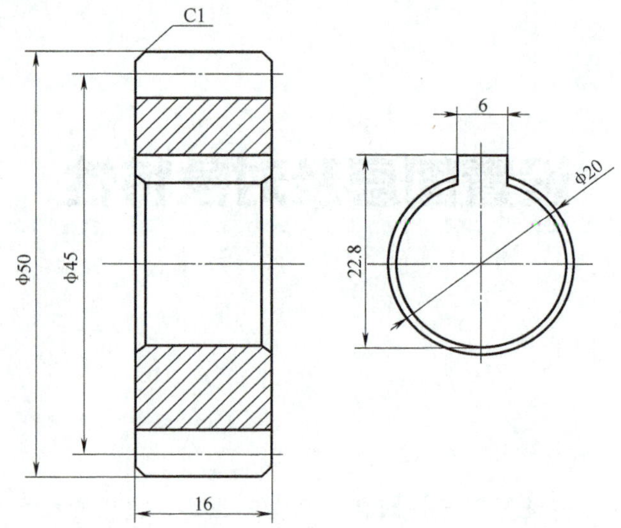

图 4-1　圆柱直齿轮

交换信息，以及执行线型、颜色及其他标准。还可以使用图层控制对象的可见性、锁定图层以防止对象被修改。熟练应用图层可大大提高工作效率和图形的清晰度，绘制复杂图形时效果尤为明显。

图层具有如下特点：

1）用户可以在图中指定任意数量的图层，对图层的数量没有限制。

2）每一个图层有一个名称，以便管理。

3）一般情况下，一个图层上的对象应该是一种线型、一种线宽。

4）各图层具有相同的坐标系、绘图界限，显示时具有相同的缩放倍数。

5）用户只能在当前图层上绘图，可以对各图层进行“打开”“关闭”“冻结”“解冻”“锁定”等操作管理。

对图层的操作如创建、删除、切换和重命名图层，显示图形中图层的列表及其特性，及修改图层特性或添加说明等都是在“图层特性管理器”对话框中进行的。选择“格式”菜单栏中的“图层”命令，或单击“图层”工具栏中的“图层特性”按钮，都可打开“图层特性管理器”对话框。

“模型”和“布局”选项卡的“图层特性管理器”选项有所不同。图 4-2a 所示为“模型”选项卡的“图层特性管理器”对话框，图 4-2b 所示为“布局”选项卡的“图层特性管理器”对话框。

下面是“图层特性管理器”对话框中各选项的功能介绍。

1）“状态”：用来指示和设置当前图层，双击某个图层状态列图标可以快速设置该图层为当前层。

2）“名称”：用于设置图层名称。选中一个图层使其以蓝色高亮显示，单击“名称”特性列的表头，可以让图层按照图层名称进行升序或降序排列。

3）“开/关”：用于控制图层是否在屏幕上显示。隐藏的图层将不被打印输出。

4）“冻结/解冻”：用于将长期不需要显示的图层冻结，也可以解冻。它可以提高系统

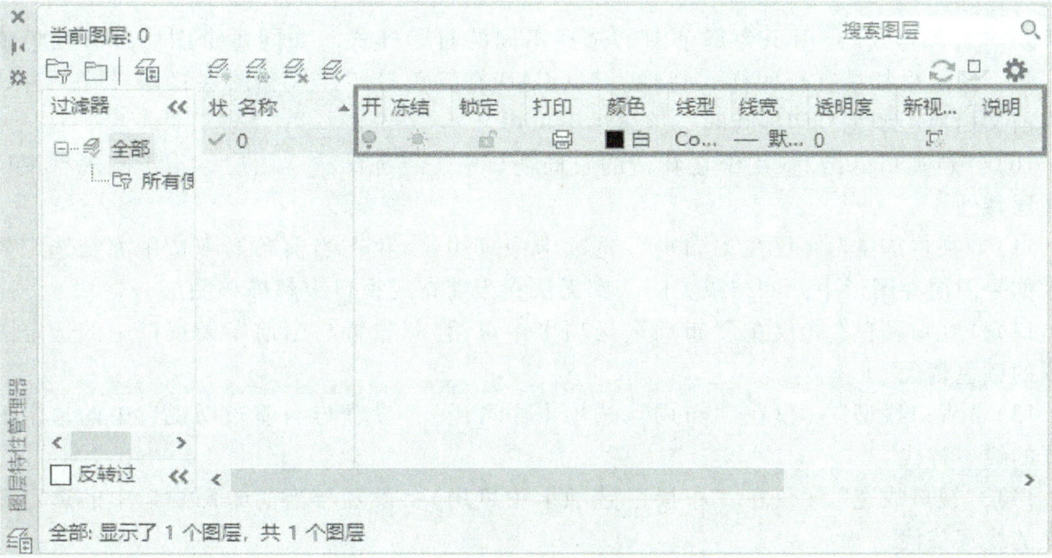

a)“模型”选项卡

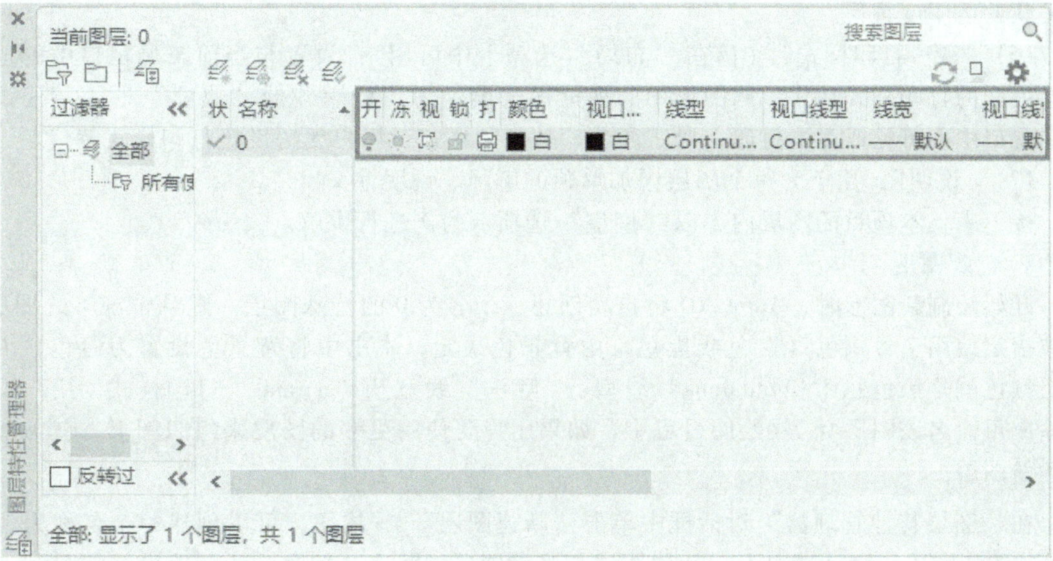

b)“布局”选项卡

图 4-2 “图层特性管理器”对话框

运行速度，减少图形刷新的时间。AutoCAD 不会在被冻结的图层上显示、打印或重生成对象。

5）“锁定/解锁”：锁定和解锁选定的图层。无法修改锁定图层上的对象。如果某个图层上的对象只需要显示、不需要选择和编辑，可以锁定该图层。

6）“打印/不打印”：对于那些没有隐藏也没有冻结的可见图层，可以通过单击“打印”特性项来控制打印时该图层是否能够打印输出。

7）“颜色”“线型”“线宽”：用于设置图层的颜色、线型及线宽属性。

8）“透明度”：用于指定选定图层的透明度。有效值从 0 到 90。值越大，对象越显得透明。

9）“打印样式”：用于为每个图层选择不同的打印样式。如同每个图层都有颜色值一样，每个图层也都具有打印样式特性。AutoCAD 有颜色打印样式和图层打印样式两种，如果当前文档使用颜色打印样式时，该属性不可用。

10）“新视口冻结”：用于在新建的布局视口中进行冻结选定图层，不影响现有视口中的图层特性。

11）“视口冻结”（仅在“布局”选项卡中可用）：仅在当前布局视口中冻结选定的图层。如果图层在图形中已冻结或关闭，则无法在当前布局视口中解冻该图层。

12）“视口颜色”（仅在“布局”选项卡中可用）：设置与当前布局视口中的选定图层关联的颜色替代。

13）“视口线型”（仅在“布局”选项卡中可用）：设置与当前布局视口中的选定图层关联的线型替代。

14）“视口线宽”（仅在“布局”选项卡中可用）：设置与当前布局视口中的选定图层关联的线宽替代。

15）“视口透明度”（仅在“布局”选项卡中可用）：设置与当前布局视口中的选定图层关联的透明度替代。

16）“视口打印样式”（仅在“布局”选项卡中可用）：设置与当前布局视口中的选定图层关联的打印样式替代。当图形中的视觉样式设定为“概念”或“真实”时，替代设置将在视口中不可见或无法打印。对于颜色相关打印样式，用户无法设置打印样式替代。

17）“说明”：用于为每个图层添加单独的解释、说明性文字。

接下来，本项目的图层内容以“模型”选项卡为例进行讲解。

1. 创建图层

开始绘制新图形时，AutoCAD 将自动创建一个名为 0 的特殊图层。默认情况下，图层 0 将被指定使用 7 号颜色（白色或黑色，由背景色决定，本书中将背景色设置为白色，因此图层颜色就是黑色）、“Continuous”线型、“默认”线宽及“normal”打印样式，用户不能删除或重命名该图层 0。在绘图过程中，如果用户要使用更多的图层来组织图形，就需要先创建新图层。

在“图层特性管理器”对话框中单击“新建图层”按钮，可以创建一个名称为“图层 1”的新图层。默认情况下，新建图层与当前图层的状态、颜色、线型等设置相同。

当创建新图层后，图层的名称将显示在图层列表框中，如果要更改图层名称，可单击该图层名，然后输入一个新的图层名并按<Enter>键。

2. 设置图层颜色

颜色在图形中具有重要的作用，可以用来表示不同的组件、功能和区域。图层的颜色实际上是图层中图形对象的颜色。每个图层都拥有自己的颜色，对不同的图层可以设置相同的颜色，也可以设置不同的颜色，绘制复杂图形时，就可以很容易区分图形的各部分。

新建图层后，要改变图层的颜色，可在“图层特性管理器”对话框中单击图层的“颜色”列对应的按钮，打开“选择颜色”对话框，如图 4-3 所示。

AutoCAD 提供了丰富的颜色供使用者使用，共有 255 种，默认的标准颜色共 9 种，分别是红色、黄色、绿色、青色、蓝色、品红、白色、深灰色、浅灰色。

3. 设置图层线型

图层线型表示图层中图形线条的特性，不同的线型表示的含义不同，默认情况下是“Continuous”线型，设置图层的线型可以区别不同的对象。在AutoCAD中既有简单线型，也有由一些特殊符号组成的复杂线型，以满足不同国家或行业标准的要求。

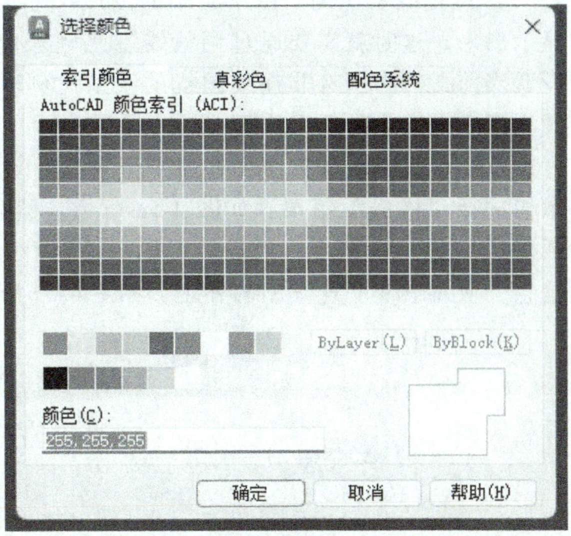

图4-3　“选择颜色”对话框

（1）设置图层线型　在绘制图形时要使用线型来区分图形元素，就需要对线型进行设置，默认情况下，图层的线型为Continuous，如图4-4a所示。要改变线型，可在图层列表中单击“线型”列的“Continuous”按钮，打开“选择线型”对话框，如图4-4b所示。该对话框中列出了当前已经加载的线型，可以单击列表里的线型。当需要的线型没有在列表中时，可以加载线型，单击“加载”按钮，打开图4-4c所示的“加载或重载线型”对话框。

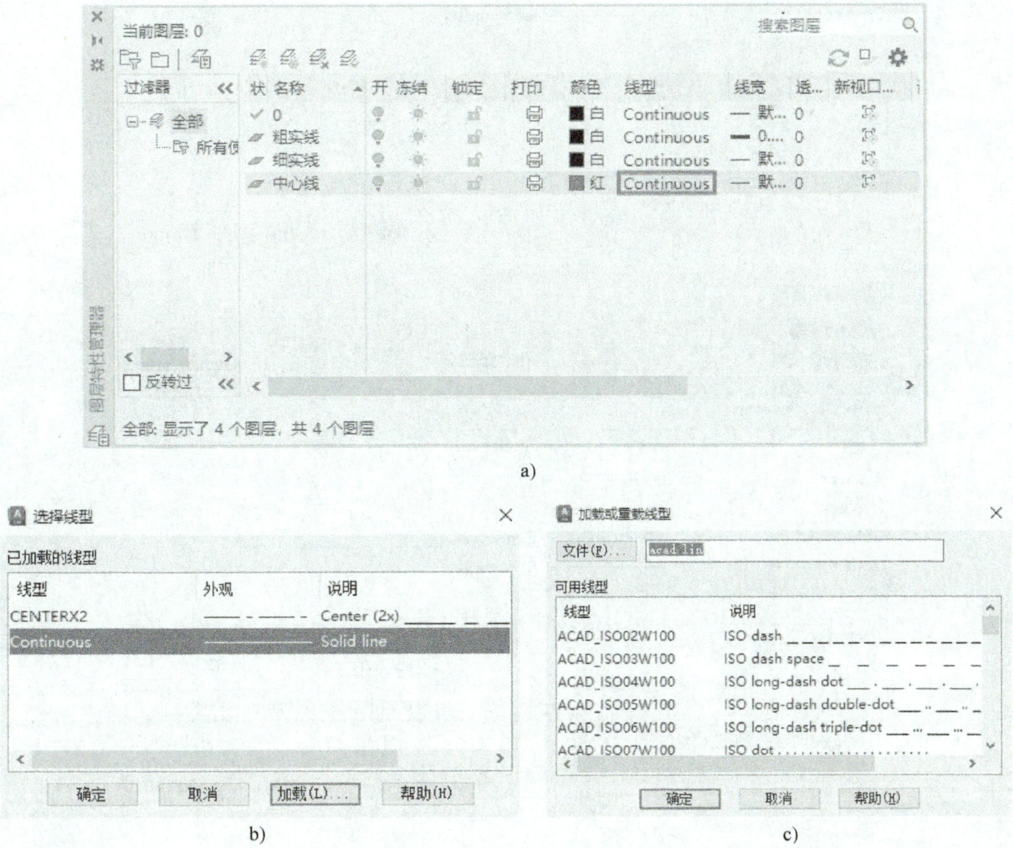

图4-4　设置图层线型

（2）设置线型比例　由于绘制的图形尺寸大小的关系，致使非连续的线型其样式不能被显示出来，这时就需要通过调整线型比例来使其显现。更改“全局比例因子”选项，可以设置当前文件中所有非连续图线的线型比例。更改“当前对象缩放比例”选项可以设置在线型列表中选中的线型比例。

设置线型比例值的方法：在命令行中执行“LTS”命令，输入新的线型比例值；或者在菜单栏选择“格式”菜单，如图 4-5a 所示，然后选择“线型”命令，打开“线型管理器”对话框，如图 4-5b 所示，可设置图形中的线型比例，单击“显示/隐藏细节”按钮，展开详细信息，从而改变非连续型的外观，如图 4-5c 所示。

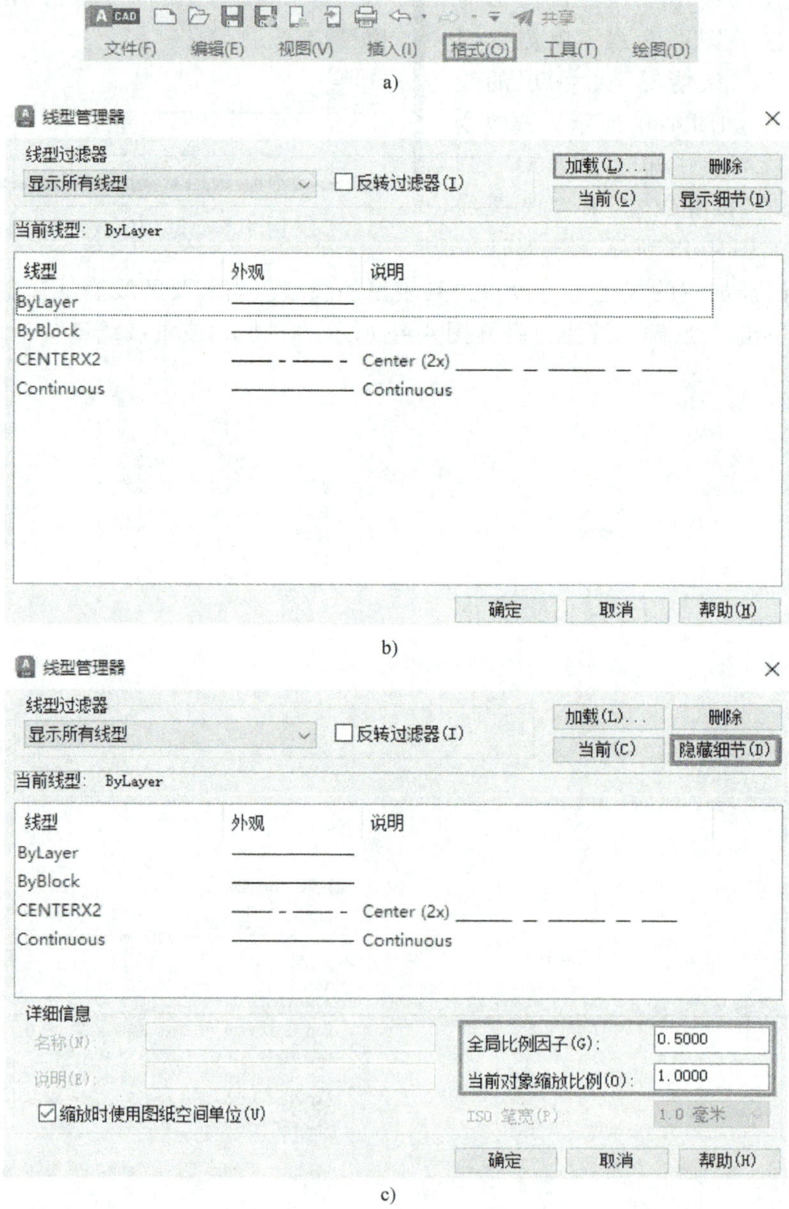

图 4-5　设置线型比例

4. 设置图层线宽

使用不同宽度的线条表现对象的大小或类型，可以提高图形的表达能力及可读性。设置图层的线宽，可以在“图层特性管理器”对话框的“线宽”列中单击该图层对应的线宽“——默认”按钮，打开“线宽”对话框，有20多种线宽可供选择。也可以在菜单栏选择“格式”菜单，然后选择“线宽”命令，打开“线宽”对话框，如图4-6所示。设置图层线宽后，图层更为清晰、直观。

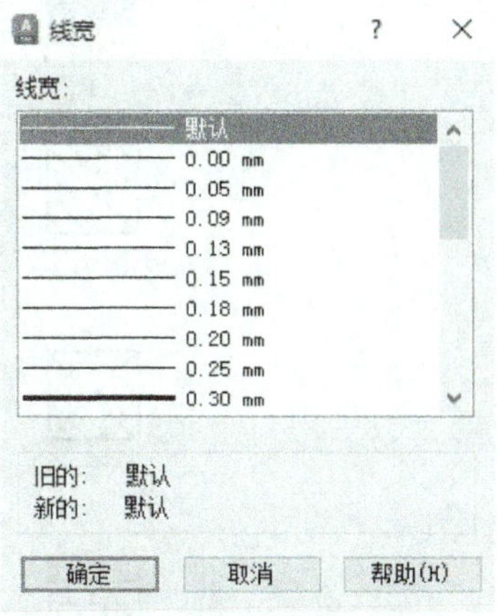

图4-6 “线宽”设置对话框

二、图案填充

在绘制图形时经常会遇到这种情况，比如绘制物体的剖面或断面时，需要使用某一种图案来充满某个指定区域，这个过程就叫作图案填充。图案填充经常用于表达剖切面和不同类型物体对象的外观纹路，这就是绘制图样中的剖面线。

1. 图案填充创建

图案填充创建就是设置填充的图案、样式、比例等参数。打开“图案填充创建”工具栏，如图4-7所示，有以下三种方式：

1）工具栏：单击“绘图”工具栏中的“图案填充” 按钮。

2）菜单栏：选择“绘图”→“图案填充”命令。

3）命令行：输入“HATCH”。

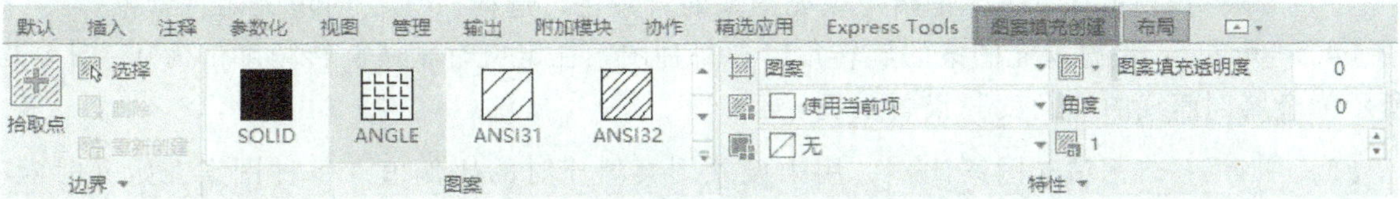

图4-7 “图案填充创建”工具栏

2. 各选项功能介绍

（1）“边界”

1）“拾取点”：以拾取点的形式来指定填充区域的边界。单击该按钮切换到绘图窗口，可在需要填充的区域内任意指定一点，系统会自动计算出包围该点的封闭填充边界。如果在拾取点后没有形成封闭填充边界，则会显示错误提示信息。

2）“选择”：单击该按钮将切换到绘图窗口，可以通过选择对象的方式来定义填充区域，该方法用于不封闭的区域边界，但在不封闭处会发生填充断裂或不均匀现象。

3）“删除”：单击该按钮可以取消系统自动计算或用户指定的边界。

4）“重新创建”：重新创建图案填充边界。

（2）“图案” 单击“图案”面板中的“ ”按钮，根据图案名称选择填充图案，如图4-8所示。

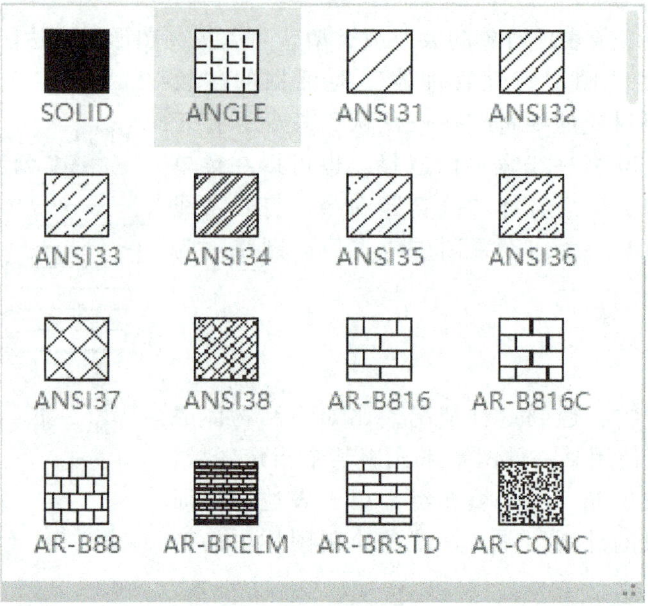

图 4-8 图案类型

（3）“特性”

1）“”：表示图案填充类型，是创建预定义的图案填充或创建用户定义的图案填充，分为实体、渐变色、图案和用户定义四种模式。

2）“”：表示图案填充颜色，使用为实体填充和填充图案指定的颜色替代当前颜色。

3）“”：表示背景色，是指定填充图案的背景色，选择“无”时可关闭背景色。

4）“角度”：设置填充图案的旋转角度，每种图案在定义时默认旋转角度都为 0，图 4-9 所示为金属剖面线的“角度”设置示例。

5）“”：表示填充图案比例，用来设置图案填充时的比例值。每种图案在定义时默认的比例为 1，可根据需要放大或缩小，图 4-10 所示为金属剖面线的“比例”设置示例。

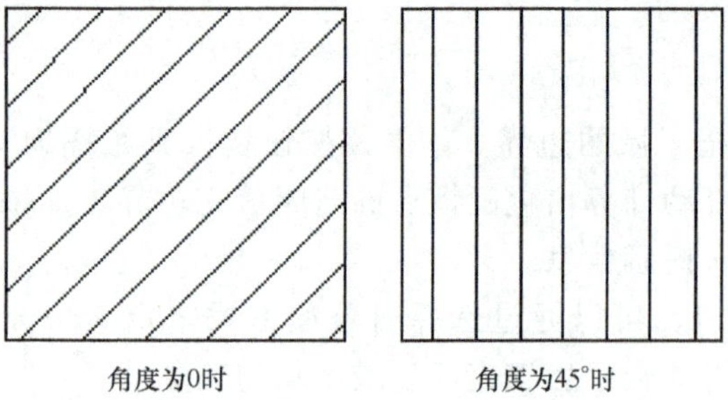

图 4-9 填充图案“角度”设置示例

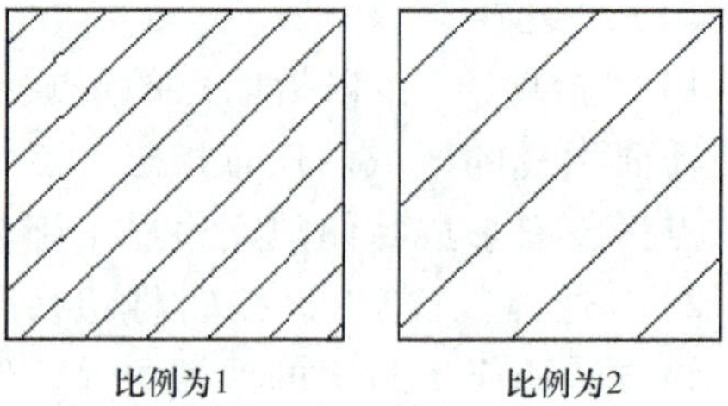

图 4-10 填充图案“比例”设置示例

6）“双向”：在“图案”下拉列表框中选择“用户定义”选项，选中该复选按钮可以使用相互垂直的两组平行线填充图案，否则为一组平行线。

7）“相对图纸空间”：设置比例因子是否为相对于图纸空间的比例。

8）“ISO 笔宽”：设置笔的宽度，当填充图案采用 ISO 图案时，该选项可用。

（4）原点 可以设置图案填充原点的位置。

（5）“选项”

1）“关联”：控制当用户修改图案填充边界时是否自动更新图案填充。

2）“注释性”：指定根据视口比例自动调整填充图案比例。此特性会自动完成缩放注释过程，从而使注释能够以正确的大小在图纸上打印或显示。

3）特性匹配：可以将现有图案填充或填充对象的特性应用到其他图案填充或填充对象。单击“选项”列表的下拉列表：

①“创建独立的图案填充”：用于创建独立于边界的图案填充。

②“孤岛检测”：位于图案填充边界内的封闭区域或文字对象将视为孤岛。分为“普通孤岛检测”“外部孤岛检测”和“忽略孤岛检测”三种。

使用“普通孤岛检测”时，如果指定所示的内部拾取点，则孤岛保持为不进行图案填充，而孤岛内的孤岛将进行图案填充，图 4-11 所示为普通孤岛检测。

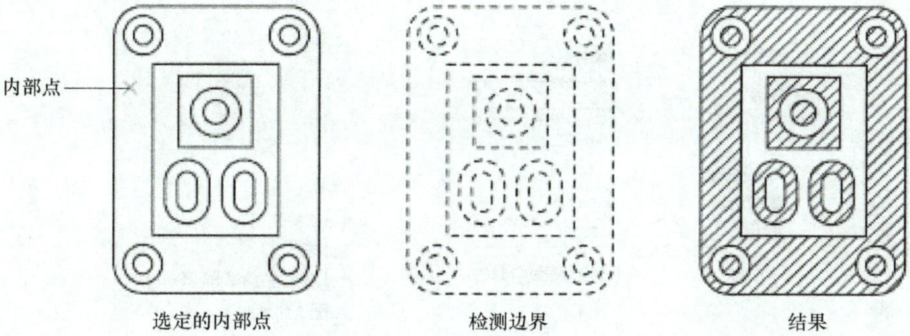

图 4-11 普通孤岛检测

使用同一拾取点时，各选项的结果对比如图 4-12 所示。

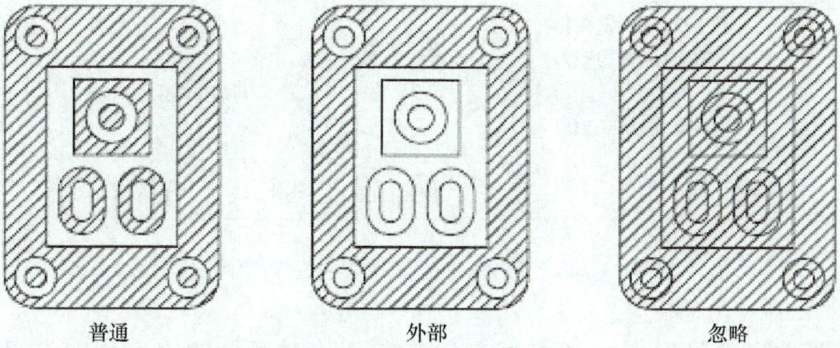

图 4-12 孤岛检测对比

③ 绘图次序：为图案填充或填充指定绘图次序。

3. 编辑图案填充

图案填充创建后，如果需修改填充图案或修改图案区域边界，有两种方法：一是在“图案填充创建”工具栏，单击需要修改的图案填充；二是单击“图案填充创建”工具栏中“选项”右侧的按钮 ↘，如图 4-13 所示。在弹出“图案填充和渐变色”对话框后，可以在

“图案填充”里进行修改，图 4-14 所示为“图案填充和渐变色”对话框。“图案填充和渐变色”对话框也可用于图案填充创建。

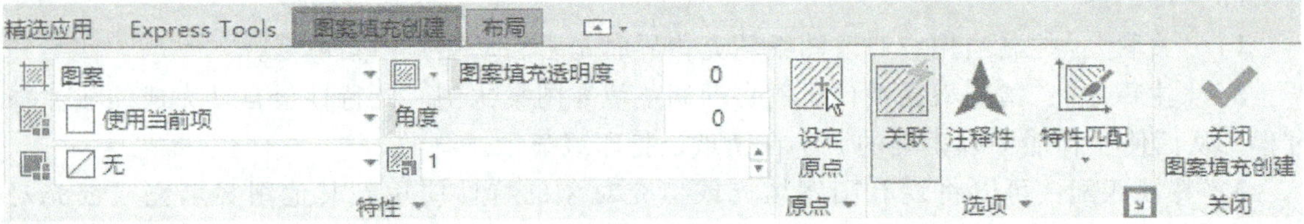

图 4-13 “图案填充创建”工具栏

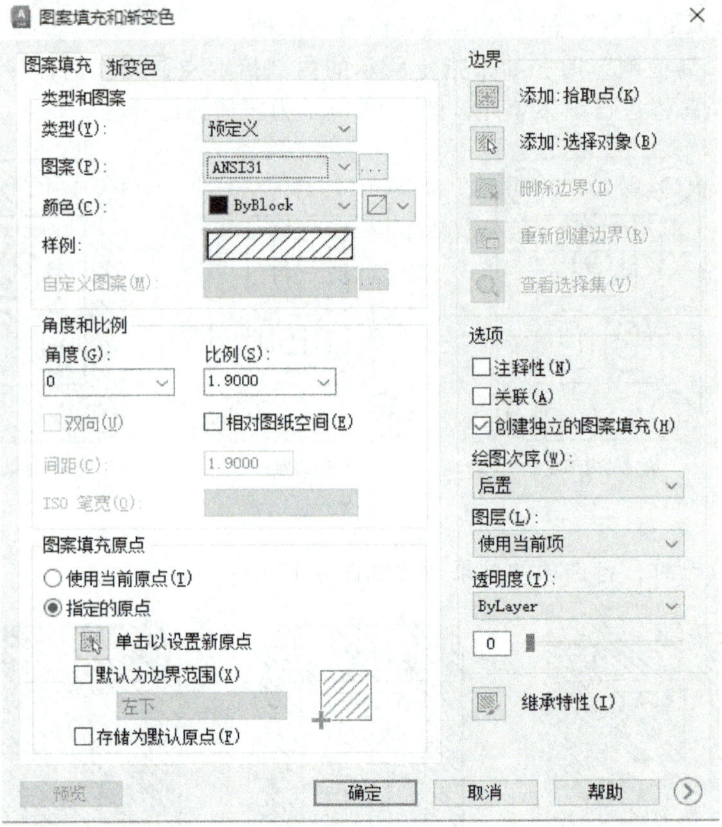

图 4-14 “图案填充和渐变色”对话框

“图案填充创建”工具栏与“图案填充和渐变色”对话框的内容相同，只是定义填充边界的某些按钮不可用。

4. 分解图案

图案是一种特殊的块，称为“匿名”块，无论形状多复杂，它都是一个单独的对象。可以只用“修改”→“分解”命令来分解一个已存在的关联图案。

图案被分解后，它将不再是一个单一的对象，而是一组组成图案的线条。同时，分解后的图案也失去了与图形的关联性，因此，将无法使用“修改”→“对象”→“图案填充”命令来编辑。

任务实施

1. 新建图层

在图层工具栏中单击“图层特性”按钮，或者选择“格式”菜单栏下的“图层”命令，在弹出的“图层特性管理器”对话框中单击“新建图层”按钮，分别新建三个图层。

1）粗实线：颜色为黑色（背景色为白色）；线型为 Continuous；线宽为 0.3mm。

2）细实线：颜色为绿色；线型为 Continuous；线宽为默认值。

3）中心线：颜色为红色；线型为 CENTER2；线宽为默认值。

其他选项选为默认值，如图 4-15 所示。

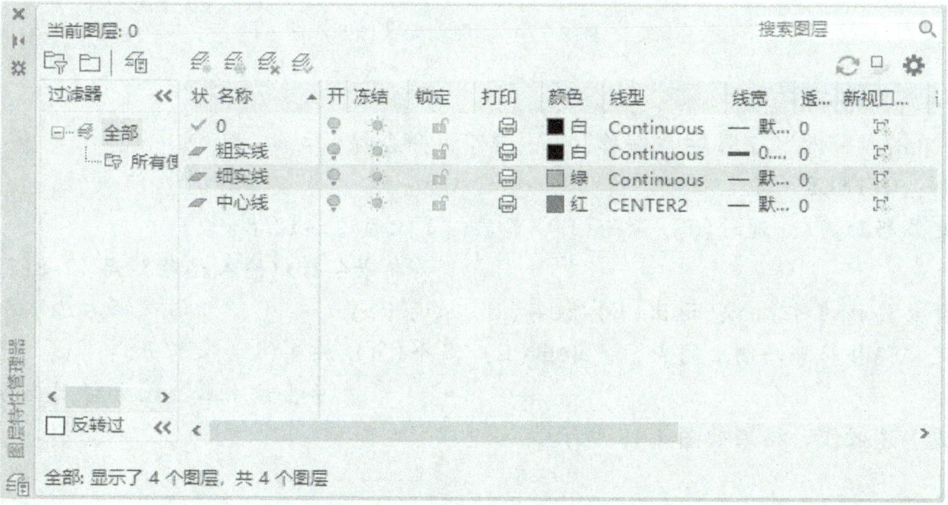

图 4-15　“图层特性管理器”对话框

2. 切换到中心线层，绘制辅助中心线

单击“绘图”工具栏“直线”按钮，根据齿轮的尺寸大小，绘制中心线，如图 4-16 所示。

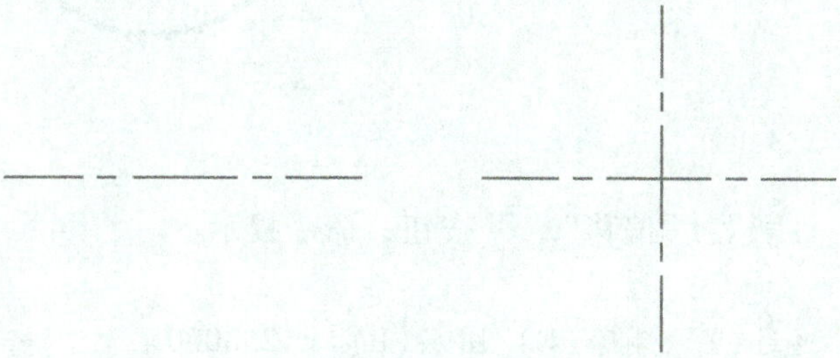

图 4-16　绘制中心线

3. 切换到粗实线层，画圆的轮廓线

单击“绘图”工具栏“圆”按钮，命令提示：

命令:_CIRCLE

指定圆的圆心或[三点(3P)/两点(2P)/切点、切点、半径(T)]:

//选择右边两中心线的交点

指定圆的半径或[直径(D)]<10.0>:10　　//在命令行中输入半径值 10

按<Enter>键，完成圆的绘制，如图 4-17 所示。

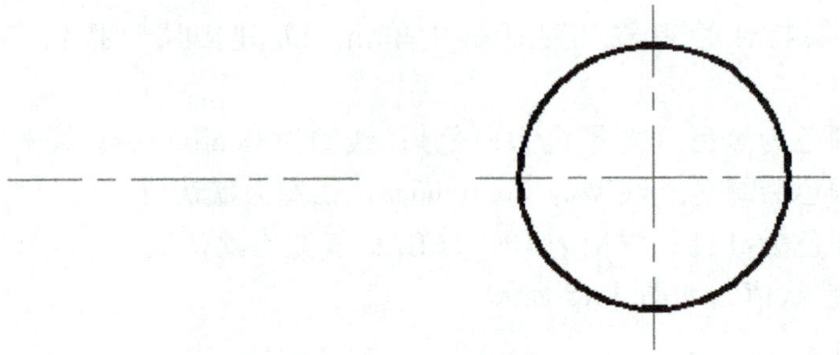

图 4-17　绘制齿轮孔圆

4. 绘制齿轮键槽

1）单击“修改”工具栏“偏移” 按钮，命令提示:

命令:_OFFSET

指定偏移距离或[通过(T)/删除(E)/图层(L)]<通过>:12.8

//在命令行中输入偏移距离 12.8(22.8-10)

选择要偏移的对象,或[退出(E)/放弃(U)]<退出>:　　//选择右边水平中心线

指定要偏移的那一侧上的点,或[退出(E)/多个(M)/放弃(U)]<退出>:

//单击该中心线上方得到上方水平线

完成上述操作，结果如图 4-18 所示。

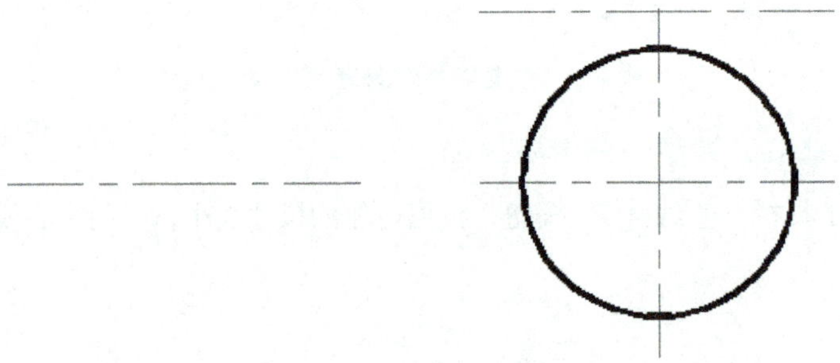

图 4-18　偏移水平中心线

2）单击“修改”工具栏“偏移” 按钮，命令提示:

命令:_OFFSET

指定偏移距离或[通过(T)/删除(E)/图层(L)]<12.8000>:3

//在命令行中输入偏移距离 3

选择要偏移的对象,或[退出(E)/放弃(U)]<退出>:　　//选择右边竖直中心线

指定要偏移的那一侧上的点,或[退出(E)/多个(M)/放弃(U)]<退出>:

//单击该中心线左边

选择要偏移的对象，或［退出(E)/放弃(U)］<退出>:　　　　//选择右边竖直中心线
指定要偏移的那一侧上的点，或［退出(E)/多个(M)/放弃(U)］<退出>:
　　　　//单击该中心线右边
选择要偏移的对象，或［退出(E)/放弃(U)］<退出>:　　　　//右击结束偏移命令

完成上述操作，结果如图 4-19 所示。

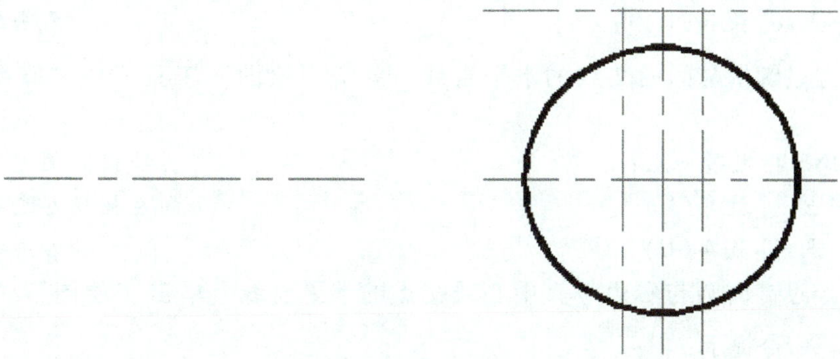

图 4-19　偏移竖直中心线

3）选择刚才偏移得到的三条中心线，将其图层改为粗实线层，如图 4-20 所示图形。单击“修剪”按钮，修剪多余线条即可得到键槽，如图 4-21 所示。

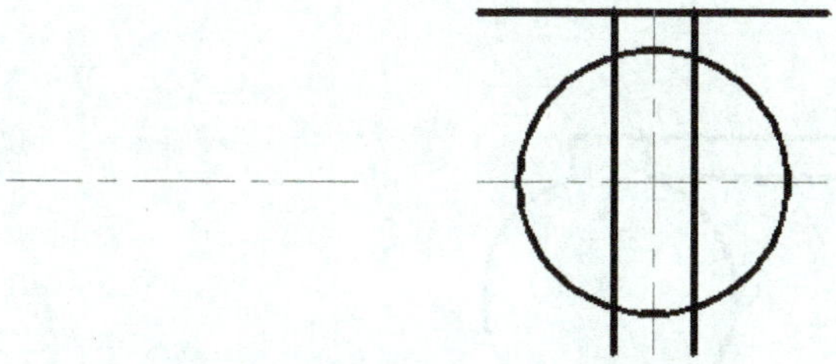

图 4-20　偏移所得中心线改为粗实线

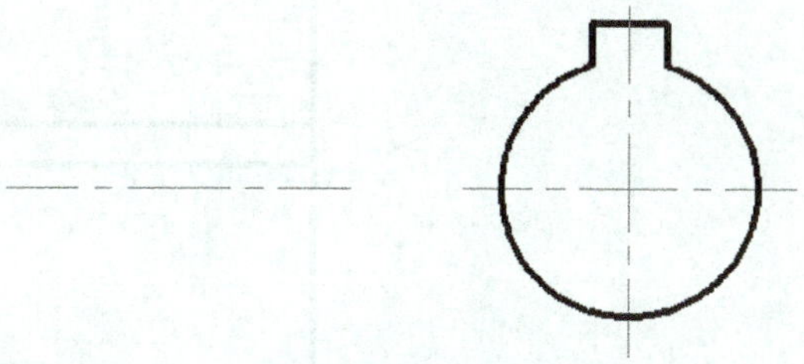

图 4-21　修剪成键槽

5. 绘制剖视图左边界垂直轮廓线

切换到粗实线层，开启“正交”模式，用“直线”命令在左边剖视图上任画一条竖直线作为剖视图左边界轮廓线，如图 4-22 所示。

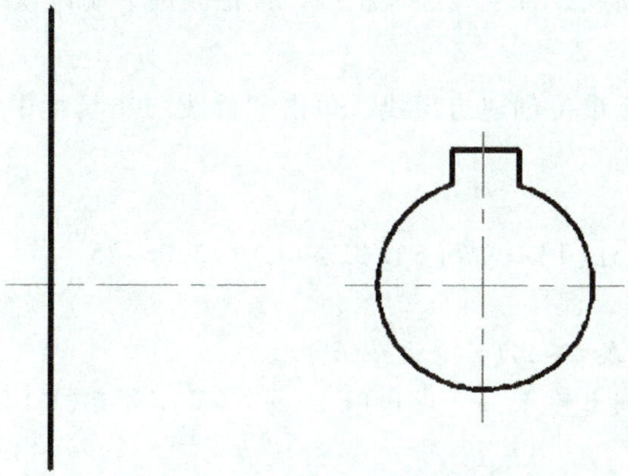

图 4-22　绘制左边界轮廓线

根据三视图中主视图与左视图高平齐的关系，单击“绘图”工具栏中“直线”按钮，从齿轮圆和键槽轮廓向左边剖视图引出水平直线，如图 4-23 所示。具体操作如下：

1）绘制键槽上端水平直线，单击“绘图”工具栏中“直线”按钮，命令提示：

命令：_LINE 指定第一点：<对象捕捉 开> //捕捉右侧键槽上端点
指定下一点或[放弃(U)]：<正交 开>//打开正交模式，向左捕捉左边界轮廓垂足
指定下一点或[放弃(U)]： //右击结束直线命令

2）绘制经过键槽与圆相交点的水平直线，单击“绘图”工具栏中“直线”按钮，命令提示：

命令：_LINE 指定第一点： //捕捉右侧键槽与圆的交点
指定下一点或[放弃(U)]： //向左捕捉左边界轮廓线垂足
指定下一点或[放弃(U)]： //右击结束直线命令

3）绘制经过键面圆与右边竖直中心线交点的水平直线，单击“绘图”工具栏中“直线”按钮，命令提示：

命令：_LINE 指定第一点： //捕捉圆与右边竖直中心线的下方交点
指定下一点或[放弃(U)]： //向左捕捉左边界轮廓线垂足
指定下一点或[放弃(U)]： //右击结束直线命令

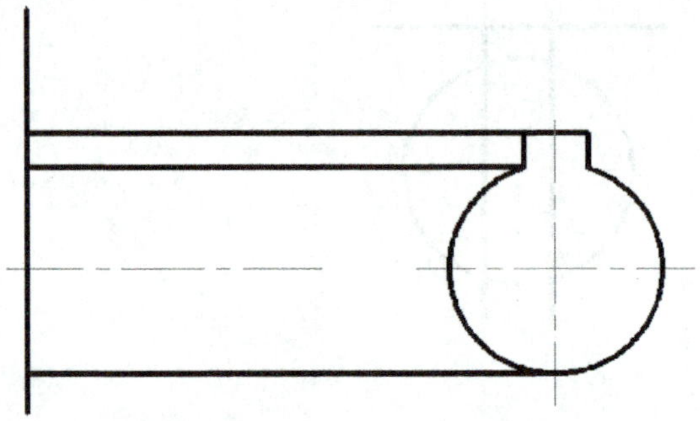

图 4-23 从键槽向主视图画引线

6. 绘制齿顶线、分度线、齿根线

绘制左视图上端齿顶线、分度线、齿根线，镜像完成下端齿顶线、分度线、齿根线。具体操作步骤如下：

1）偏移中心线 25 个单位创建齿顶线，单击“修改”工具栏中“偏移”按钮，命令提示：

命令：_OFFSET
指定偏移距离或[通过(T)/删除(E)/图层(L)]<3.0>：25
//在命令行中输入偏移距离 25
选择要偏移的对象，或<退出(E)/放弃(U)>： //选择左边水平中心线
指定要偏移的那一侧上的点，或[退出(E)/多个(M)/放弃(U)]<退出>：
//单击该中心线上方，得齿顶线
选择要偏移的对象或<退出>： //右击结束偏移命令

2）偏移中心线 22.5 个单位创建分度线，单击“修改”工具栏中“偏移”按钮，命令提示：

命令:_OFFSET

指定偏移距离或[通过(T)/删除(E)/图层(L)]<25.0>:22.5

//在命令行中输入偏移距离 22.5

选择要偏移的对象或<退出(E)/放弃(U)>: //选择左边水平中心线

指定要偏移的那一侧上的点,或[退出(E)/多个(M)/放弃(U)]<退出>:

//单击该中心线上方,得分度线

选择要偏移的对象或<退出>: //右击结束偏移命令

3）偏移分度线 3 个单位创建齿根线，单击“修改”工具栏中“偏移”按钮，命令提示：

命令:_OFFSET

指定偏移距离或[通过(T)/删除(E)/图层(L)]<22.5>:3 //在命令行中输入偏移距离 3

选择要偏移的对象或<退出(E)/放弃(U)>: //选择分度线

指定要偏移的那一侧上的点,或[退出(E)/多个(M)/放弃(U)]<退出>:

//单击该分度线下方,得齿根线

选择要偏移的对象或<退出>: //右击结束偏移命令

偏移结果如图 4-24 所示。

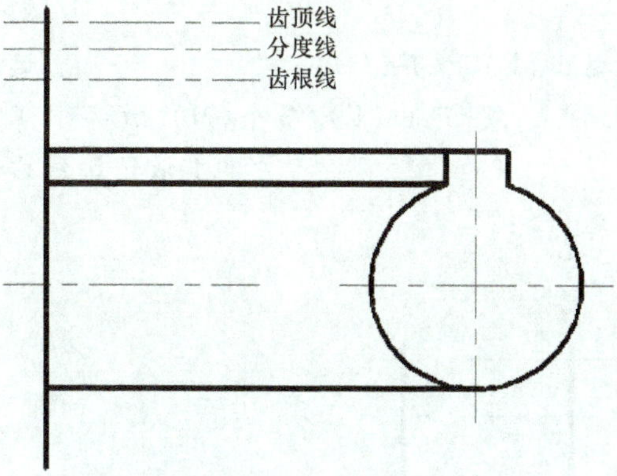

图 4-24 偏移出齿顶线、分度线、齿根线

镜像完成下端齿顶线、分度线、齿根线的命令操作，单击“修改”工具栏中“镜像”按钮，命令提示：

命令:_MIRROR

选择对象: //自上而下选择 3 条直线,包括齿顶线分度线和齿根线

选择对象:↙ //按<Enter>键,完成选择对象

指定镜像线的第一点: //捕捉剖视图中水平中心线左端点

指定镜像线的第二点: //捕捉剖视图中水平中心线右端点

要删除源对象吗？[是(Y)/否(N)]<N>:↙ //按<Enter>键或右击结束镜像命令

结果如图 4-25 所示。

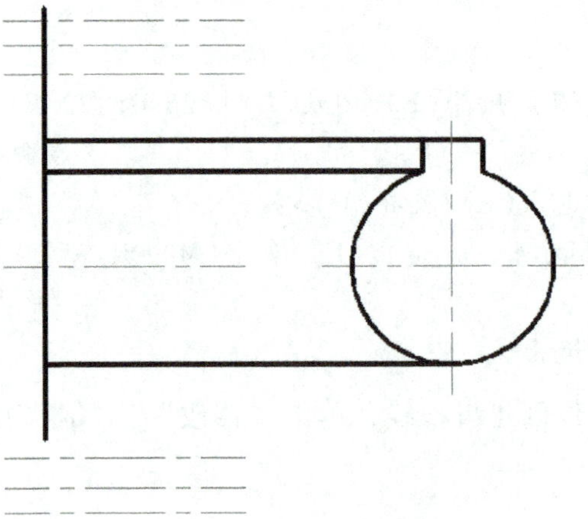

图 4-25　将齿顶线、分度线、齿根线镜像

偏移左侧剖视图左边界竖直轮廓线 16 个单位创建轮廓线，单击“修改”工具栏中“偏移”按钮，命令提示：

命令:_OFFSET

指定偏移距离或[通过(T)/删除(E)/图层(L)]<3.0>:16

//在命令行中输入偏移距离 16

选择要偏移的对象或<退出(E)/放弃(U)>:　　//选择剖视图中左边界轮廓线

指定要偏移的那一侧上的点,或[退出(E)/多个(M)/放弃(U)]<退出>:

//单击该轮廓线右侧得剖视图右边界轮廓线

选择要偏移的对象或<退出>:　　//右击结束偏移命令

偏移结果如图 4-26 所示。

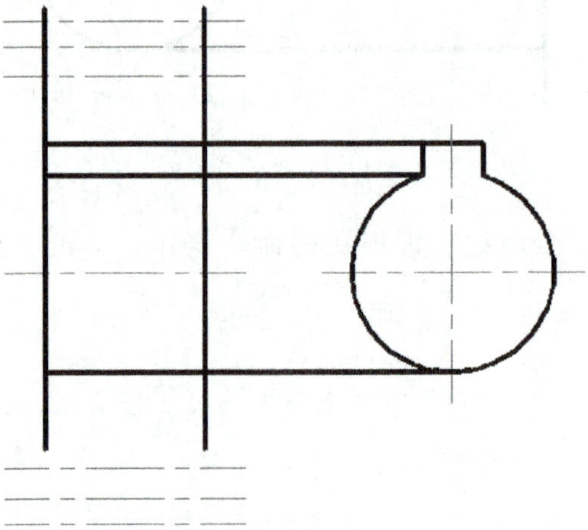

图 4-26　偏移剖视图左边界竖直轮廓线

7. 修正图形

把线型为点画线的齿根线和齿顶线改到粗实线层，然后用“延伸”“修剪”“删除”命令修剪线条，得到图 4-27 所示图形。

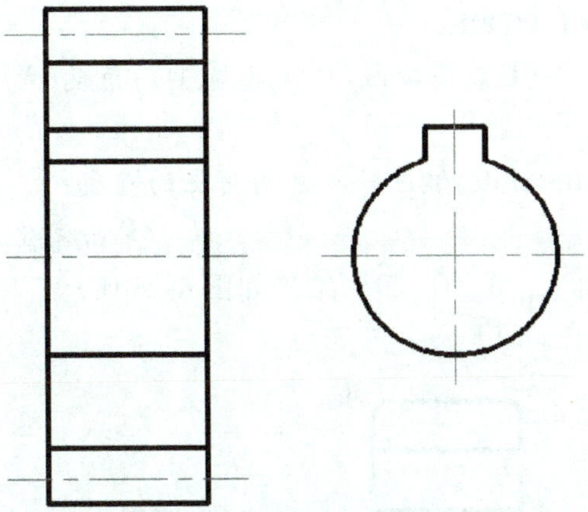

图 4-27 修剪整理

8. 对剖视图中所需要倒角处进行倒角

小提示：

要倒多个同样的直角时只需要输入一次倒角命令，只需选择一次命令参数，每倒完一次角就按<Enter>键一次，再用同样的方法选择要倒角的第一条直线和第二条直线，直到完成所有的倒角为止。

在“修剪”模式下进行倒角，具体步骤如下：

1）方案 1：在命令行选项中选“角度 A”。

单击“修改”工具栏中“倒角” 按钮，命令提示：

命令:_CHAMFER

(“修剪”模式) 当前倒角距离 1=0.0000,距离 2=0.0000

选择第一条直线或 [放弃(U)/多段线(P)/距离(D)/角度(A)/修剪(T)/方式(E)/多个(M)]:A　　//选择角度倒角,在命令行中输入“A”

指定第一条直线的倒角长度 <0.0000>:1　　//输入倒角长度 1

指定第一条直线的倒角角度 <0>:45　　//输入倒角角度 45

选择第一条直线或 [放弃(U)/多段线(P)/距离(D)/角度(A)/修剪(T)/方式(E)/多个(M)]:　　//单击需要倒角的一条边

选择第二条直线,或按住<Shift>键选择要应用角点的直线:

//单击需要倒角的另一条边,完成倒角

2）方案 2：在命令行选项中选“距离 D”。

单击“修改”工具栏中“倒角” 按钮，命令提示：

命令:_CHAMFER

("修剪"模式)当前倒角距离 1=0.0000,距离 2=0.0000

选择第一条直线或[放弃(U)/多段线(P)/距离(D)/角度(A)/修剪(T)/方式(E)/多个(M)]:D　　//选择距离倒角,在命令行中输入"D"

指定第一个倒角距离 <0.0000>:1　　//输入倒角距离 1

指定第二个倒角距离 <1.0000>:1　　//输入倒角距离 1

选择第一条直线或[放弃(U)/多段线(P)/距离(D)/角度(A)/修剪(T)/方式(E)/多个(M)]:　　//单击需要倒角的一条边

选择第二条直线,或按住<Shift>键选择要应用角点的直线:

　　//单击需要倒角的另一条边,完成倒角

按上述操作，得到倒角 A、B、C、D，结果如图 4-28 所示。

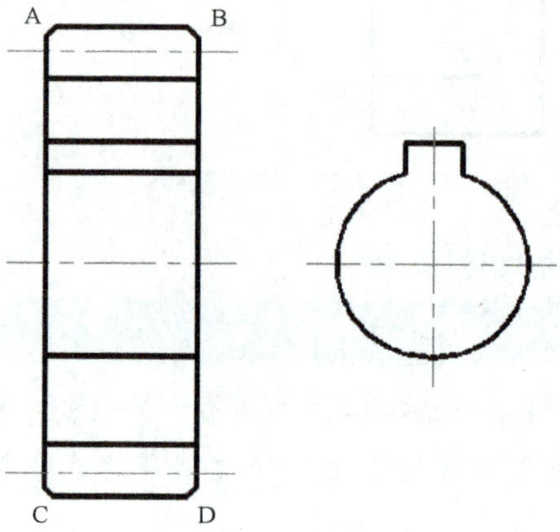

图 4-28　倒角

在"修剪"模式下进行倒角，单击"修改"工具栏中"倒角"按钮，命令提示：

命令:_CHAMFER

("修剪"模式)当前倒角距离 1=1.0000,距离 2=1.0000

选择第一条直线或[放弃(U)/多段线(P)/距离(D)/角度(A)/修剪(T)/方式(E)/多个(M)]:T　　//在命令行中输入"T",表示调用"修剪"修改模式

输入修剪模式选项[修剪(T)/不修剪(N)]<修剪>:N　　//输入"N",表示不修剪

选择第一条直线或[放弃(U)/多段线(P)/距离(D)/角度(A)/修剪(T)/方式(E)/多个(M)]:　　//单击需要倒角的一条边

选择第二条直线,或按住<Shift>键选择要应用角点的直线:

　　//单击需要倒角的另一条边,完成倒角

按上述操作，完成 E、F、G、H 处的倒角，结果如图 4-29 所示。

完成多次倒角后，用"直线"命令补齐所缺线条，用"修剪""删除"命令修剪多余线条，即可得图 4-30 所示图形。

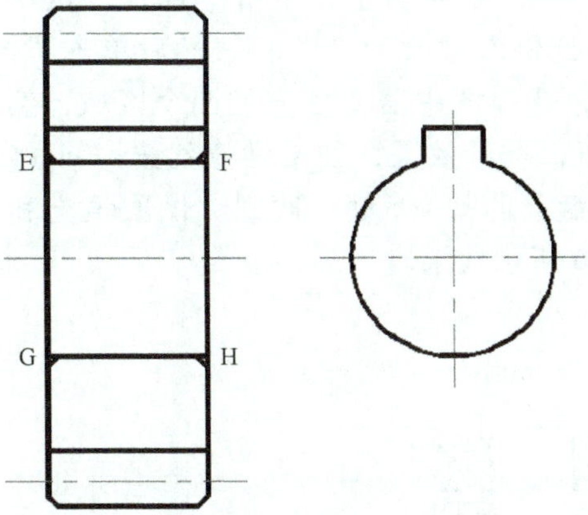

图 4-29　倒角

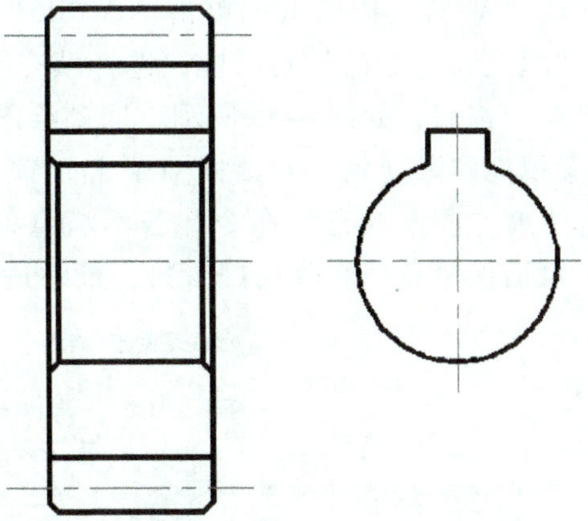

图 4-30　倒角后补线、修剪

9. 填充剖面线

切换为细实线层，单击工具栏中的“图案填充” 按钮，弹出“图案填充创建”工具栏，如图 4-31 所示。在该工具栏中单击“选项”右侧的按钮 按钮，弹出“图案填充和渐变色”对话框，如图 4-32 所示。在该对话框中单击“图案”后的“…”按钮，又弹出“填充图案选项板”对话框，如图 4-33 所示，在该对话框中单击“ANSI”标签，打开 ANSI 选项卡。

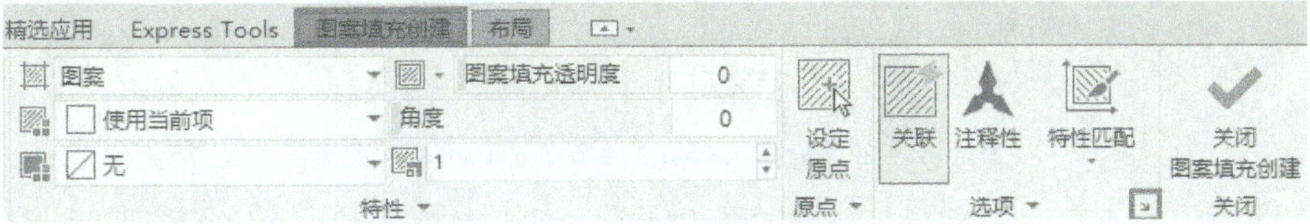

图 4-31　“图案填充创建”工具栏

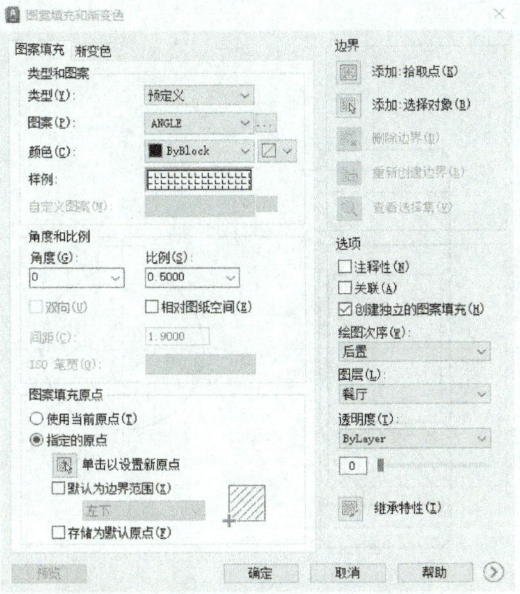

图 4-32　“图案填充和渐变色”对话框

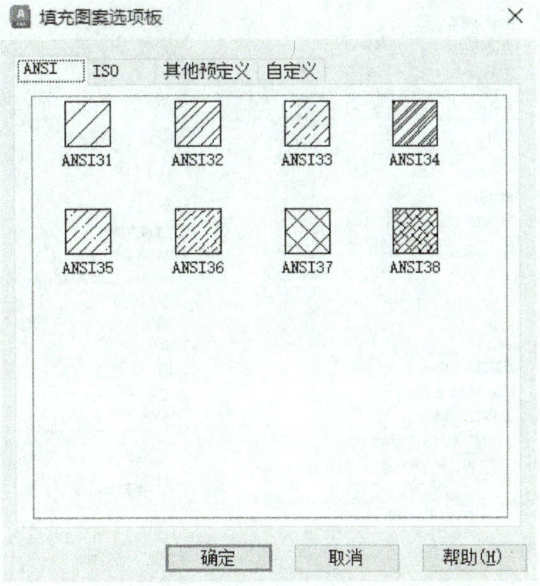

图 4-33　“填充图案选项板”对话框

在“ANSI”选项卡中单击“ANSI31”图案，如图 4-34 所示，单击“确定”按钮回到“图案填充和渐变色”对话框，选择填充颜色，把比例参数改为“0.5”，然后单击“添加：拾取点”按钮，如图 4-35 所示，回到绘图区界面，选择图中需要填充的两个区域，然后在“图案填充和渐变色”对话框中单击“预览”按钮，查看效果，如果满意就按<Enter>键或右击结束“图案填充”命令，若不满意可按下键盘上的<Esc>键，回到“图案填充和渐变色”对话框中重新修改比例参数，最终达到图 4-36 所示效果。

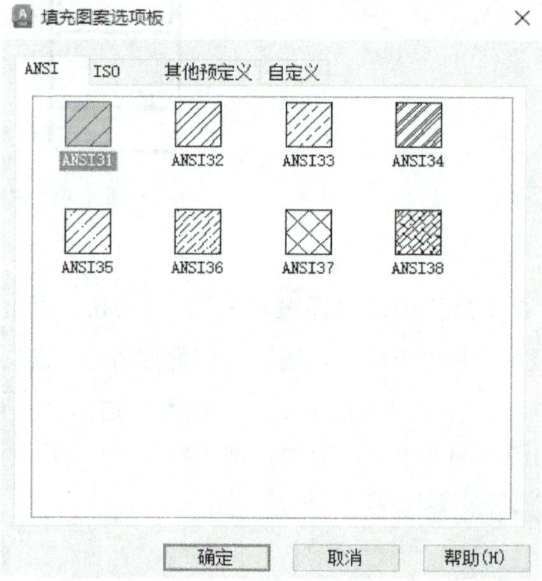

图 4-34 在“ANSI”选项卡中选择“ANSI31”图案

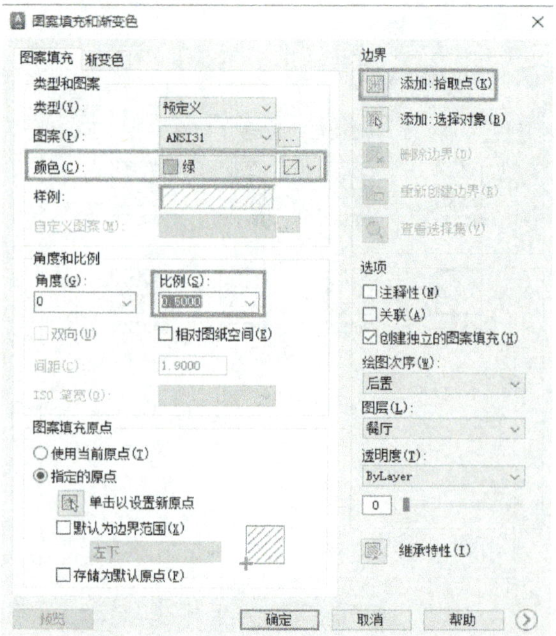

图 4-35 修改比例并选择边界

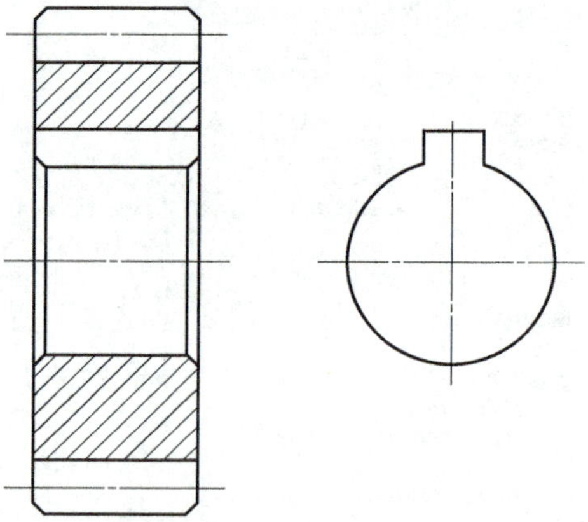

图 4-36 图案填充

小提示：

应用“图案填充”时，被填充区域必须是封闭的。通过设置角度改变填充图案的方向，设置比例改变填充图案的稀疏程度。

10. 绘制右侧键槽局部视图

从剖视图中间倒角处画一水平线与右边局部视图的垂直中线相交，绘制右边的齿轮圆孔时通过捕捉其交点的方法确定圆孔半径，如图 4-37 所示。

将所绘制倒角图层改为粗实线，应用“修剪”“删除”命令修剪多余线条，即可完成此圆柱直齿轮视图，如图 4-38 所示。

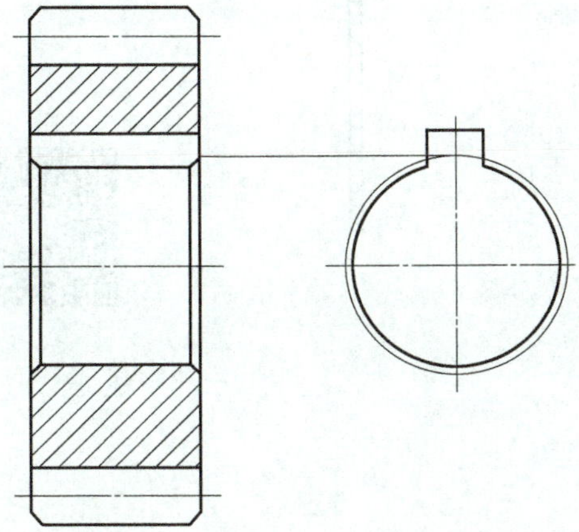

图 4-37 绘制倒角

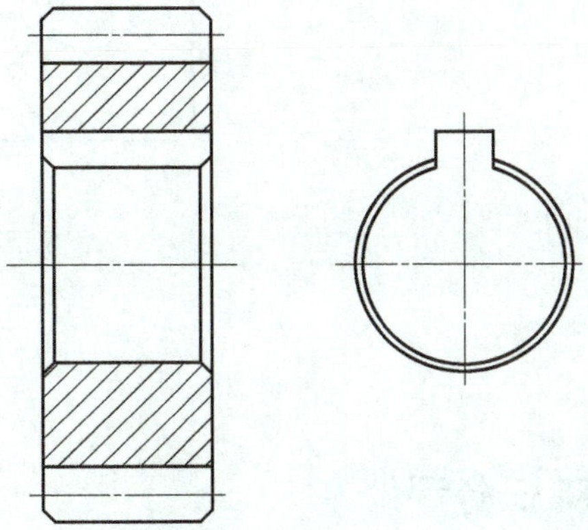

图 4-38 完成绘制圆柱直齿轮

任务拓展

1. 绘制图 4-39 所示的法兰盘，图层设置参数。

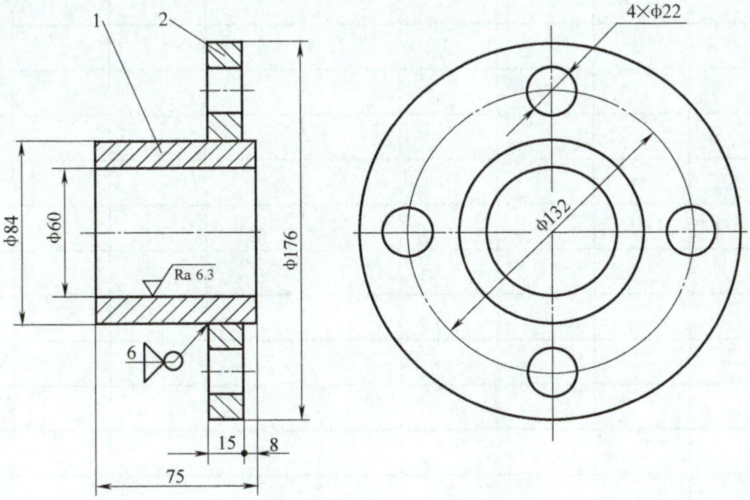

图 4-39 法兰盘

1）粗实线：颜色为黑色（背景色为白色）；线型为 Continuous；线宽为 0.3mm。

2）细实线：颜色为绿色；线型为 Continuous；线宽为默认值。

3）中心线：颜色为红色；线型为 CENTER2；线宽为默认值。

2. 绘制图 4-40 所示的限位板，图层设置参数。

1）粗实线：颜色为黑色（背景色为白色）；线型为 Continuous；线宽为 0.3mm。

2）细实线：颜色为蓝色；线型为 Continuous；线宽为默认值。

3）中心线：颜色为红色；线型为 CENTER2；线宽为默认值。

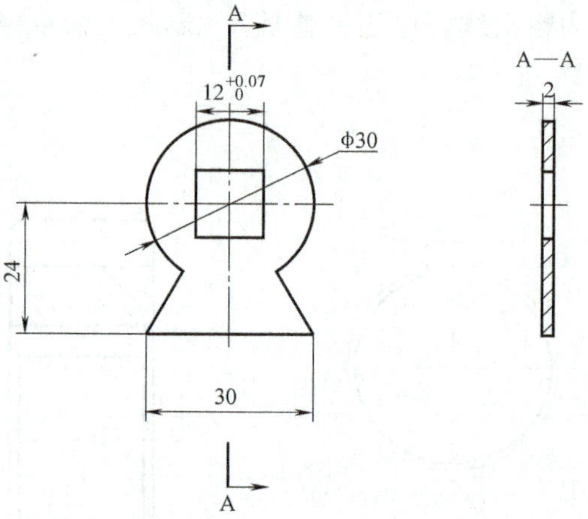

图 4-40 限位板

任务评价

表 4-1 任务一综合评价表

项目	自我评价			小组评价			教师评价		
	10~9	8~6	5~1	10~9	8~6	5~1	10~9	8~6	5~1
	占总评 10%			占总评 30%			占总评 60%		
分析绘图步骤									
绘制齿轮									
任务拓展 1									
任务拓展 2									
安全文明									
时间观念									
学习主动性									
工作态度									
语言表达能力									
团队合作精神									
小计									
总评									

任务二 绘制校园平面图

学习目标

1）学会设置图层的参数。

2）能熟练绘制出校园平面图。

3）能通过绘制校园平面图提升自主学习能力。

4）遵守机房安全操作规程。

建议学时

2 学时

任务描述

通过绘制图 4-41 所示的校园平面图，熟练掌握设置图层、颜色、线型和线宽（也可根据情况自行设计）。

图层参数设置：

1）餐厅：颜色为黄色；线型为 Continuous；线宽为默认值。

2）操场：颜色为绿色；线型为 Continuous；线宽为默认值。

3）教学楼：颜色为红色；线型为 Continuous；线宽为默认值。

4）实训中心：颜色为蓝色；线型为 Continuous；线宽为默认值。

5）宿舍区：颜色为洋红色；线型为 Continuous；线宽为默认值。

6）校区：颜色为黑色（背景色为白色）；线型为 Continuous；线宽为 0.3mm。

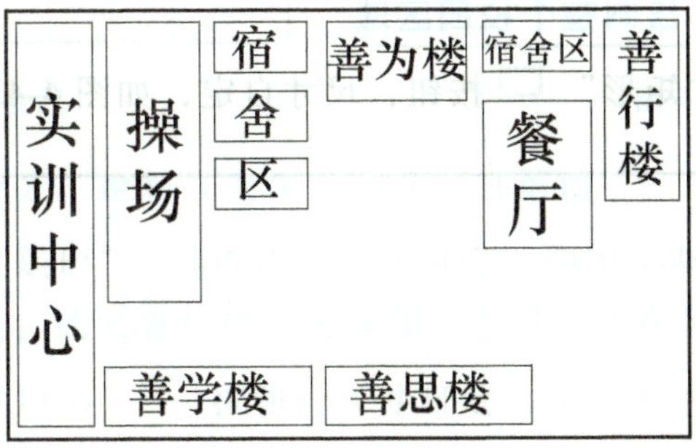

图 4-41 校园平面图

任务实施

1. 新建图层

在图层工具栏中单击“图层特性”按钮，或者选择“格式”菜单栏下的“图层”命令，在弹出的“图层特性管理器”对话框中，单击“新建图层”按钮，分别新建 6 个图层：

9. 将图层切换到餐厅，绘制餐厅所在区域

单击“绘图”工具栏“矩形” 按钮，尺寸自定，如图 4-50 所示，完成校园平面图的绘制。

10. 填充文字标注

单击“绘图”工具栏中“多行文字” A 按钮，为校园平面图填充文字说明，如图 4-51 所示，完成校园平面图。

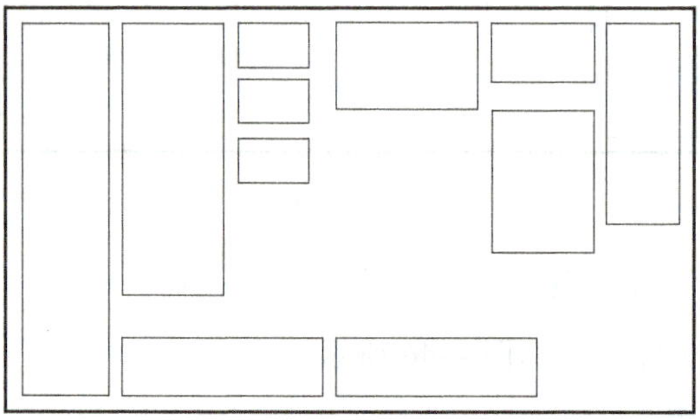

图 4-50 餐厅

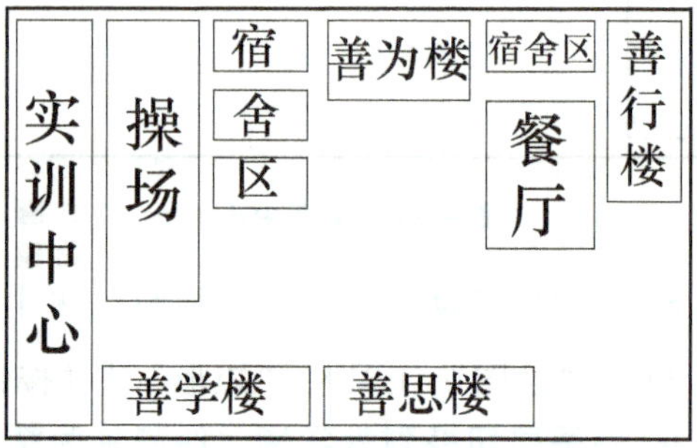

图 4-51 校园平面图

任务拓展

1. 根据表 4-2 图层参数要求，创建名为“我的样板 . dwt”的图形样板。

表 4-2 图层设置参数要求

图层	颜色	线型	线宽/mm
中心线	红色	CENTER	0. 2
细实线	黑色(或白色)	Continuous	0. 2
粗实线	黑色(或白色)	Continuous	0. 4
虚线	黄色	ACAD-ISO04W100	0. 2
尺寸	黑色(或白色)	Continuous	0. 2
文字	黑色(或白色)	Continuous	0. 2

2. 根据表 4-2 中的参数，绘制铰杠，如图 4-52 所示。

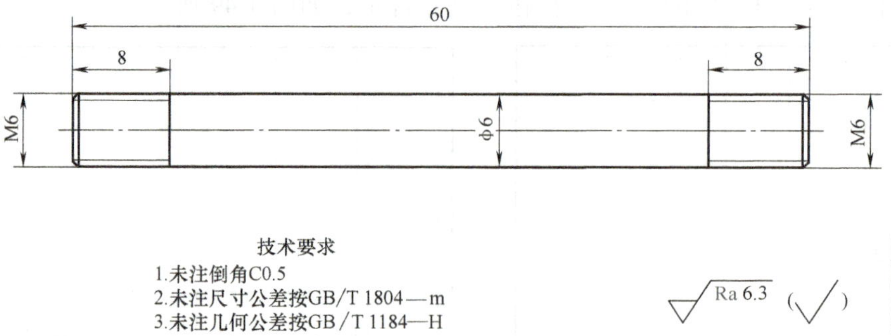

图 4-52 铰杠

任务评价

表 4-3　任务二综合评价表

项目	自我评价			小组评价			教师评价		
	10~9	8~6	5~1	10~9	8~6	5~1	10~9	8~6	5~1
	占总评 10%			占总评 30%			占总评 60%		
分析绘图步骤									
绘制平面图									
任务拓展 1									
任务拓展 2									
安全文明									
时间观念									
学习主动性									
工作态度									
语言表达能力									
团队合作精神									
小计									
总评									

试题集萃

1. 开始绘制新图形时，AutoCAD 将自动创建一个名为______的特殊图层，默认情况下该图层将被指定使用 7 号颜色（白色或黑色）、“______”线型、“默认”线宽及“______”打印样式。

2. （　　）的名称不能被修改或删除。

A. 未命名的层　　B. 标准层　　C. 0 层　　D. 默认的层

3. 在 AutoCAD 2023 设置图层颜色时，可以使用（　　）种标准颜色。

A. 255　　B. 240　　C. 9　　D. 6

4. 默认情况下，图层的线型为（　　）。

A. Continuous　　B. DASHED　　C. CENTER　　D. DEFAULT

5. AutoCAD 2023 中的图层数最多可设置为（　　）。

A. 5 层　　B. 10 层　　C. 256 层　　D. 没有限制

6. 不能删除的图层是（　　）。

A. 0 图层　　B. 当前图层

C. 含有实体的层　　D. 外部引用依赖层

7. 当图层被锁定时，（　　）。

A. 仍然可以把该图层设置为当前层

B. 仍然可以创建新的图形对象

C. 仍然可以作为“修剪”和“延伸”命令的目标对象

D. 该图层上的图形对象仍可以作为辅助绘图时的捕捉对象

8. 图案填充操作中，(　　)。

A. 只能单击填充区域中任意一点来确定填充区域

B. 图案填充可以和原来轮廓线关联或者不关联

C. 所有的填充样式都可以调整比例和角度

D. 图案填充只能一次生成，不可以编辑修改

项目五

常用标注工具的使用

项目描述

通过学习在软件中如何新建、插入标题栏，编辑表格文字、表格单元，创建文字样式，使用文字控制符，创建尺寸标注，修改尺寸标注样式，完成标题栏及螺栓的绘制，并对螺栓进行尺寸标注。

任务一　绘制标题栏

学习目标

1）通过知识链接的学习，能够新建和插入表格。

2）通过任务实施操作与练习，能够编辑表格文字和编辑表格单元。

3）通过任务实施操作与练习，能够完成表格和标题栏的绘制。

4）通过本任务的学习与练习，培养学生严谨的工作态度。

建议学时

4 学时

任务描述

绘制图 5-1 所示的图框和标题栏，掌握插入表格的方法。

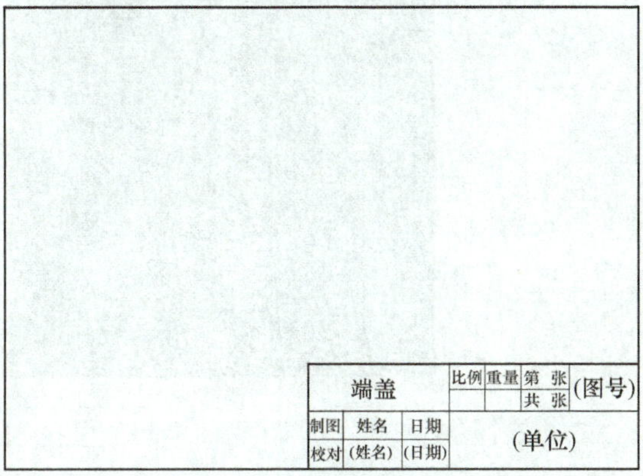

图 5-1　图框和标题栏

知识链接

表格使用行和列以一种简洁清晰的形式提供信息，常用于一些组件的图形中。表格样式控制表格的外观，用于保证标准的字体、颜色、文本、高度和行距。一般可以使用默认的表格样式，也可以根据需要自定义表格样式。

1. 插入表格

单击“注释”工具栏中的“表格”按钮，打开“插入表格”对话框，如图 5-2 所示。

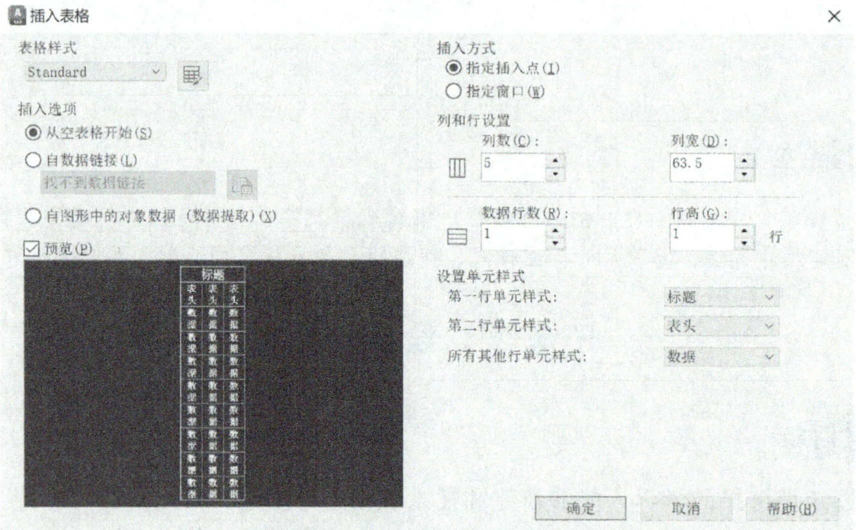

图 5-2 “插入表格”对话框

2. 表格样式

单击“插入表格”对话框中的“表格样式”按钮，打开“表格样式”对话框，如图 5-3 所示。

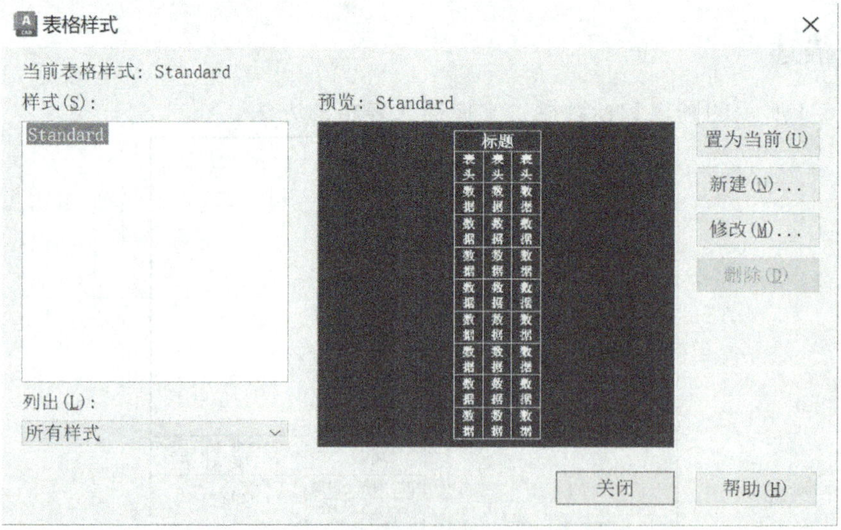

图 5-3 “表格样式”对话框

3. 新建表格样式

单击“表格样式”对话框中的“新建”按钮，打开“创建新的表格样式”对话框，如图 5-4 所示，在“新样式名”文本框中输入新的表格样式名，在“基础样式”下拉列表中选择默认的、标准的或者任何已经创建的样式，新样式将在该样式的基础上进行修改。然后单击“继续”按钮，将打开“新建表格样式”对话框，如图 5-5 所示，可以修改表格的单元样式、表格方向、常规、文字和边框等内容。

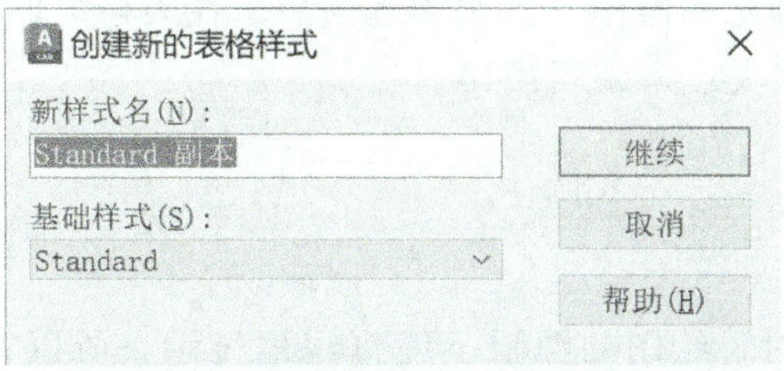

图 5-4　“创建新的表格样式”对话框

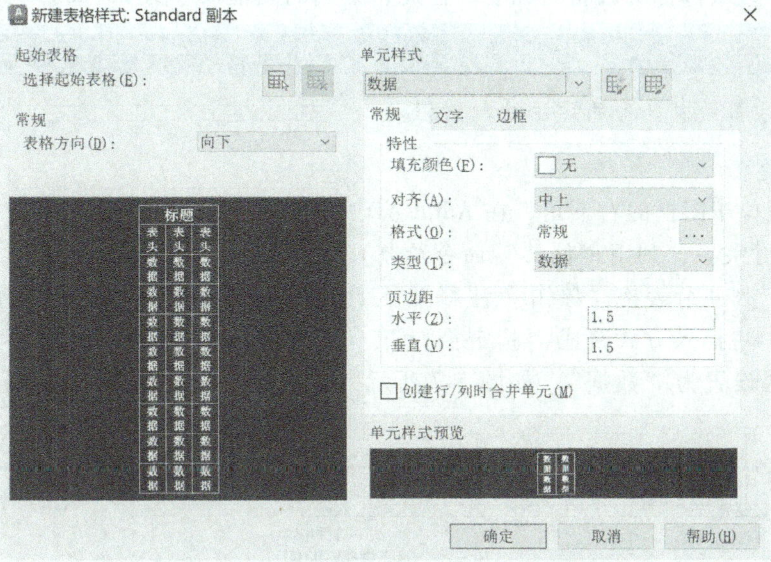

图 5-5　“新建表格样式”对话框

4. 编辑表格文字

通过以下几种方式可以编辑表格单元中的文字。

1）定点设置：在表格单元内双击。

2）快捷菜单：选择表格单元后，右击并选择“编辑文字”命令。

3）命令行：输入“TABLEDIT”。

执行上述操作之一，系统提示“拾取表格单元”，在表格单元内单击，然后输入文字或使用“文字格式”工具栏或“选项”快捷菜单进行编辑。

5. 编辑表格单元

在 AutoCAD 中，还可以使用“表格单元”工具栏编辑表格。单击表格中的任意单元格，系统弹出“表格单元”工具栏，如图 5-6 所示，通过该工具栏，可以对表格进行插入行、插

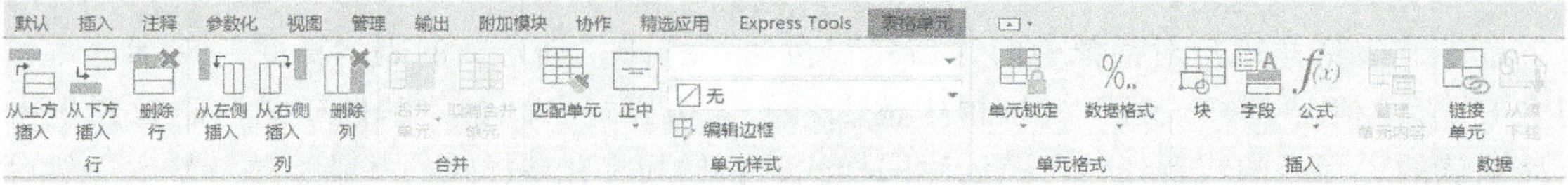

图 5-6 “表格单元”工具栏

入列、删除行或列、合并单元等操作。当选中表格后，在表格的四周、标题行上将显示许多夹点，也可以通过拖动这些夹点来编辑表格。

任务实施

1. 绘制图框

在使用 AutoCAD 绘图时，绘图的图限不能直观地显示，所以在绘图时还需要通过图框来确定绘图的范围，使所有的图形绘制在图框线之内。图框通常要小于图限，到图限边界要留一定的距离，必须符合机械制图标准。在此，绘制的图框尺寸为 267mm×200mm。

小提示：

利用前面学习绘制矩形的方法绘制图框。

2. 绘制标题栏

标题栏一般位于图框的右下角，在 AutoCAD 中，可以使用“表格”命令来绘制标题栏（也可以根据尺寸关系，利用“偏移”命令绘制）。

（1）绘制 7 列 4 行表格　单击“注释”工具栏中的“表格”按钮，在弹出的“插入表格”对话框中将插入方式改成“指定窗口”，设置列数、行数和行高，并将第一行和第二行的单元样式设置为“数据”，如图 5-7 所示，单击“确定”按钮，绘制出如图 5-8 所示表格。

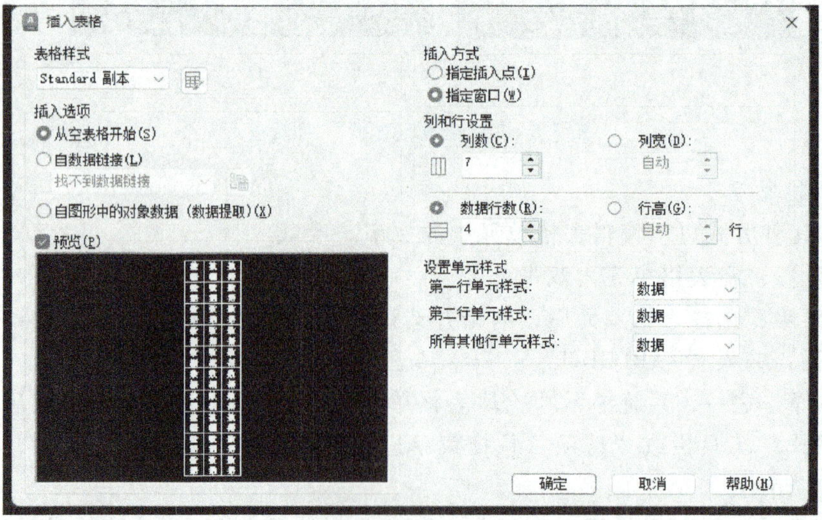

图 5-7 “插入表格”对话框

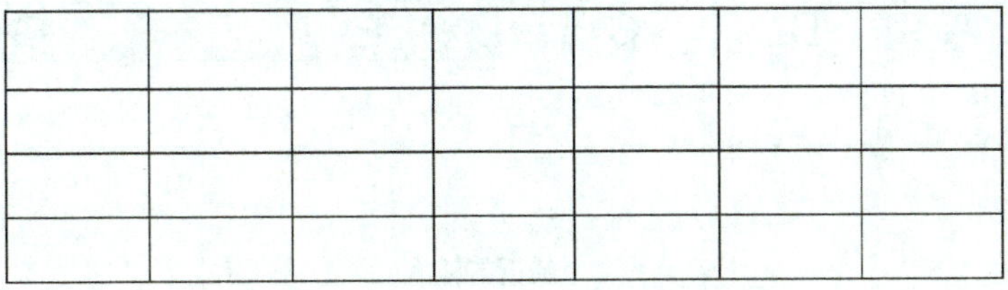

图 5-8　插入表格

（2）更改单元格大小　单击表格边线，表格显示特征夹点，如图 5-9 所示，选中单元格右击，选择“特性”命令，弹出“特性”对话框，在“单元宽度”选项中设置单元格大小，使其满足图 5-10 所示尺寸要求。

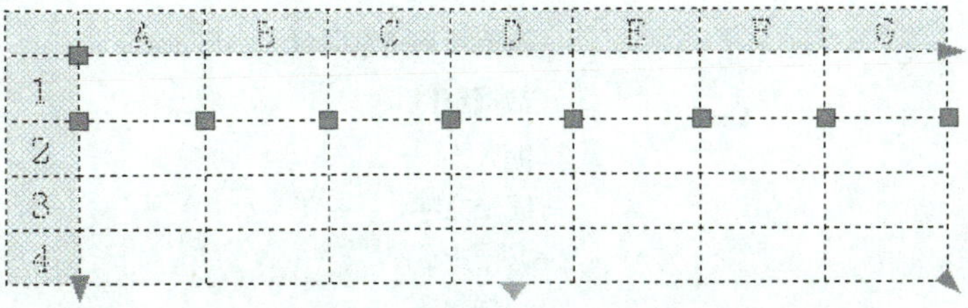

图 5-9　更改单元格大小

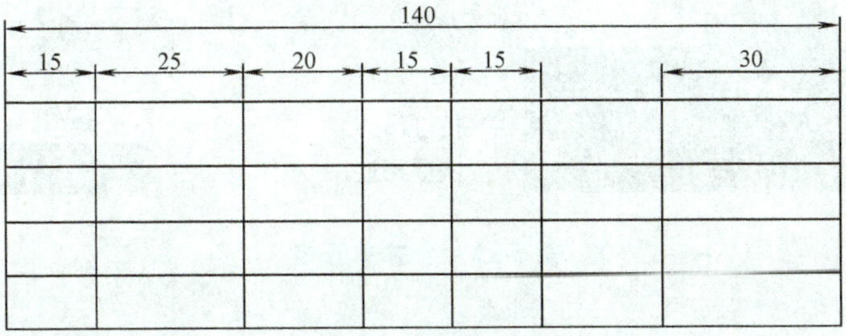

图 5-10　表格尺寸

（3）合并单元格　单击单元格，选择需要合并的单元格，如图 5-11 所示，右击弹出快捷菜单选择“合并”→“全部”命令，如图 5-12 所示，选中的六个单元格合并为一个单元格。用相同的方法，完成标题栏表格的绘制，效果如图 5-13 所示。

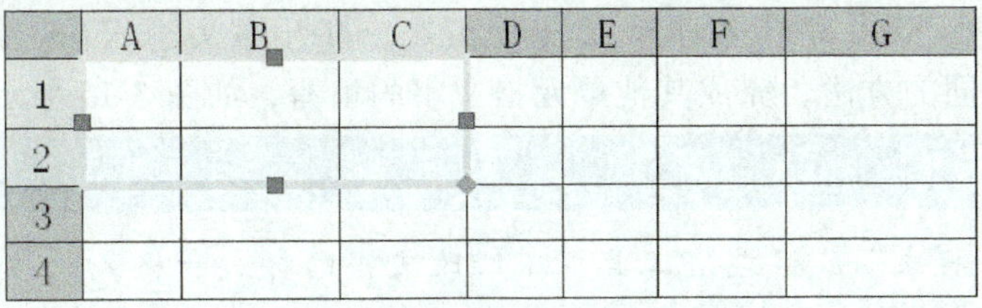

图 5-11　选择要合并的单元格

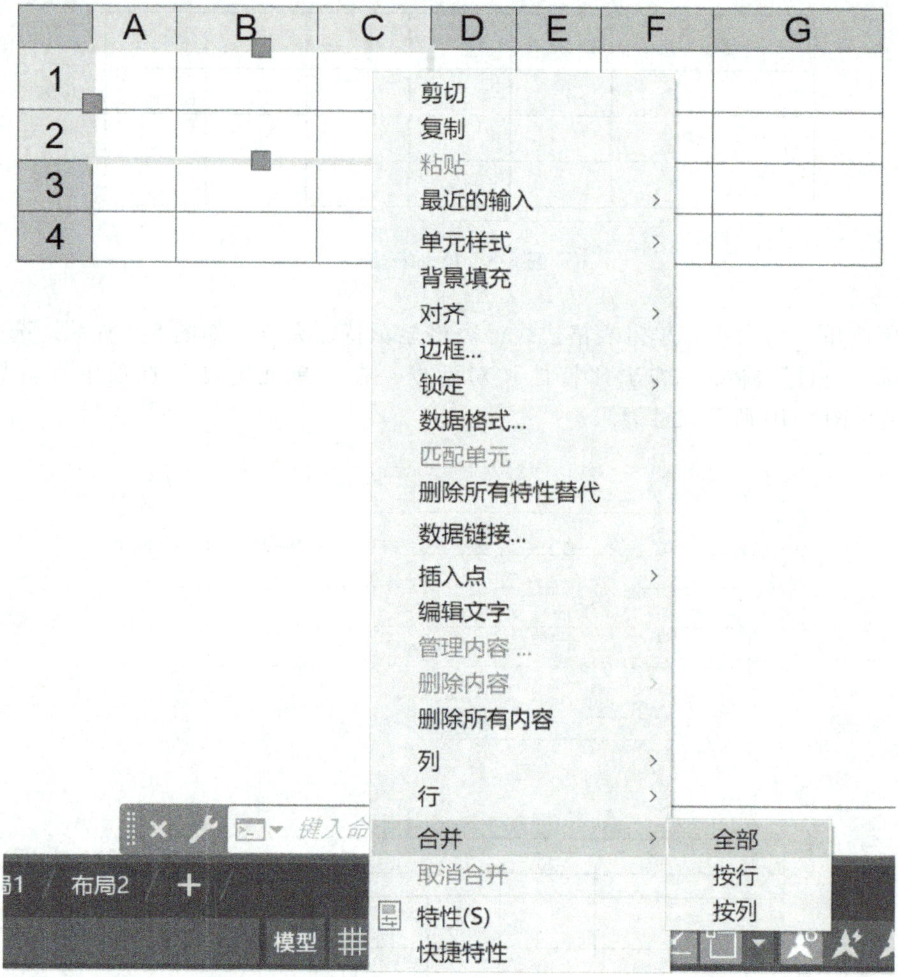

图 5-12　合并单元格

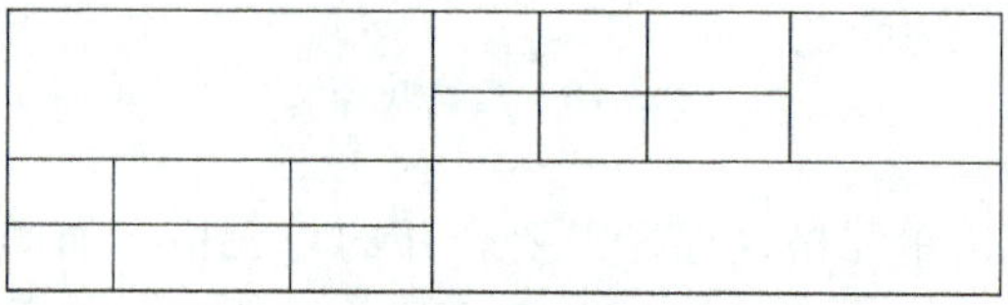

图 5-13　合并单元格效果

（4）填充文字　双击零件名称单元格所在处，打开中文输入法，输入“端盖”，如图 5-14 所示。用相同的方法，完成其他单元格文字的填写，如图 5-15 所示。

小提示：

在菜单栏的“样式”“格式”工具栏中修改文字的样式和格式为：高度 3.5mm、楷体、加粗，在“段落”工具栏中对正方式选择“正中”，将填充文字居于单元格正中。

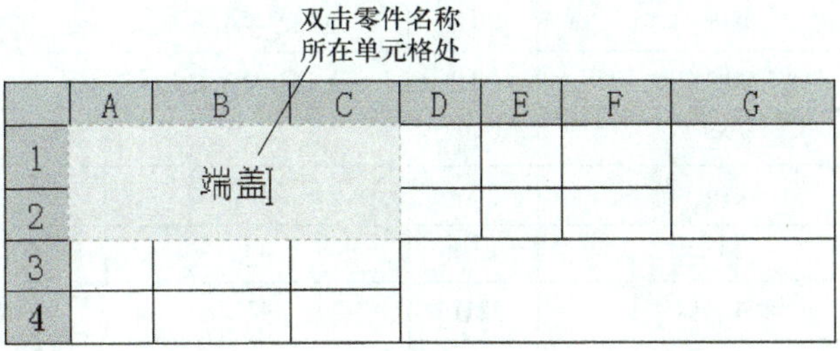

图 5-14　填充文字

<table>
<tr><td colspan="3" rowspan="2">端盖</td><td>比例</td><td>重量</td><td>第 张</td><td rowspan="2">(图号)</td></tr>
<tr><td></td><td></td><td>共 张</td></tr>
<tr><td>制图</td><td>姓名</td><td>日期</td><td colspan="4" rowspan="2">(单位)</td></tr>
<tr><td>校对</td><td>(姓名)</td><td>(日期)</td></tr>
</table>

图 5-15　填充文字

（5）分解表格，加粗边框　选择“修改”工具栏中的“分解”命令对表格进行分解，拾取表格边框将其变为粗实线，利用“移动”命令将表格置于图框的右下角，绘制完成的图框和标题栏如图 5-16 所示。

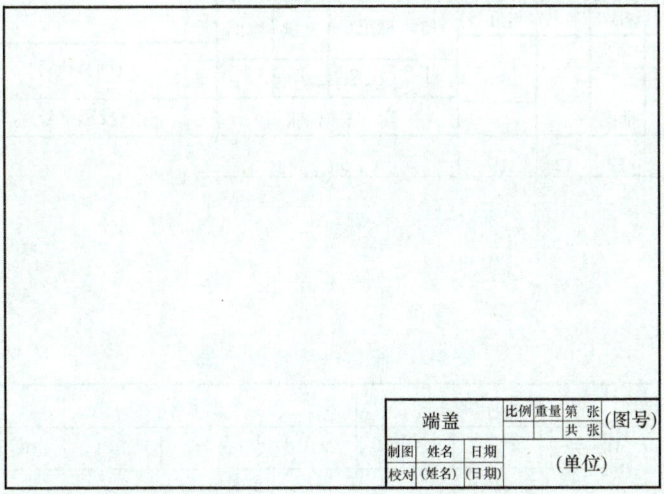

图 5-16　绘制完成的图框和标题栏

任务拓展

1. 按标注尺寸绘制图 5-17 所示的表格一，线宽、字体自定义。

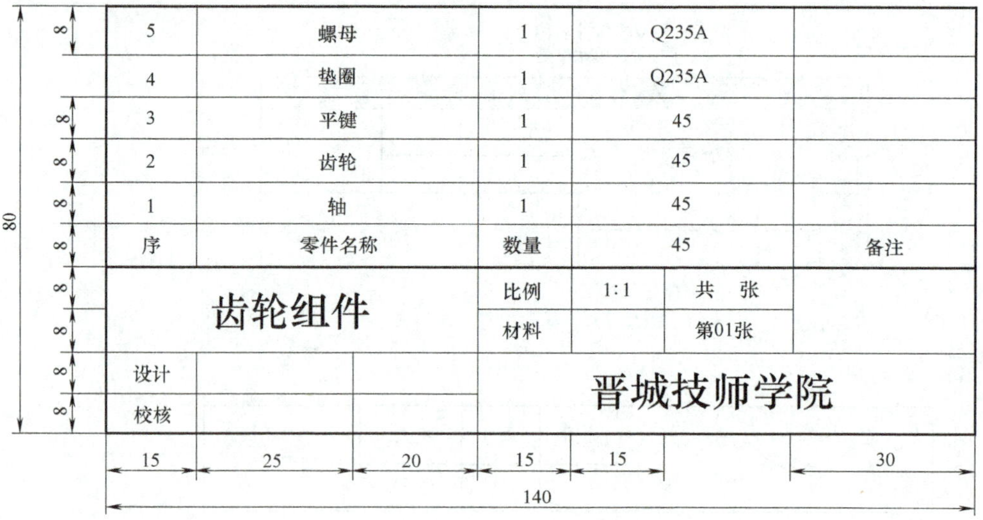

图 5-17 表格一

2. 按标注尺寸绘制图 5-18 所示的表格二，线宽、字体自定义。

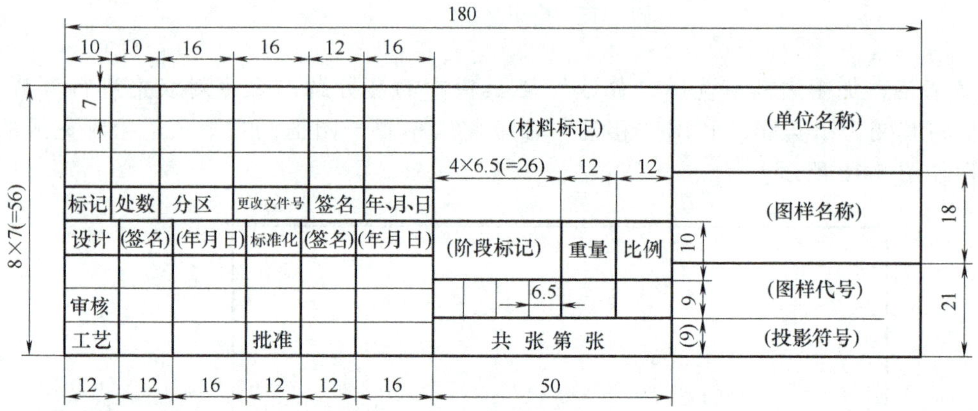

图 5-18 表格二

任务评价

表 5-1 任务一综合评价表

项目	自我评价			小组评价			教师评价		
	10~9	8~6	5~1	10~9	8~6	5~1	10~9	8~6	5~1
	占总评 10%			占总评 30%			占总评 60%		
绘制表格									
任务拓展 1									
任务拓展 2									
安全文明									
时间观念									

（续）

项目	自我评价			小组评价			教师评价		
	10~9	8~6	5~1	10~9	8~6	5~1	10~9	8~6	5~1
	占总评 10%			占总评 30%			占总评 60%		
学习主动性									
工作态度									
语言表达能力									
团队合作精神									
小计									
总评									

任务二　文字标注

学习目标

1）通过知识链接的学习，能够创建文字样式。

2）通过任务实施操作与练习，能够完成文字标注。

3）通过任务实施操作与练习，能够在文字中插入控制符。

4）通过本任务的学习与练习，培养学生自主解决问题的能力。

建议学时

4 学时

任务描述

绘制图 5-19 所示的标题栏，并填充文字。

<table>
<tr><td colspan="3" rowspan="2">圆柱直齿轮</td><td>比例</td><td></td><td colspan="2" rowspan="2"></td></tr>
<tr><td>件数</td><td></td></tr>
<tr><td>班级</td><td></td><td>（学号）</td><td>材料</td><td></td><td>成绩</td><td></td></tr>
<tr><td>制图</td><td></td><td>（日期）</td><td></td><td colspan="3" rowspan="2">晋城技师学院</td></tr>
<tr><td>审核</td><td></td><td>（日期）</td><td></td></tr>
</table>

图 5-19　标题栏

知识链接

文字对象是 AutoCAD 图形中很重要的图形元素，是机械制图和工程制图中不可缺少的组成部分。在一个完整的图样中，通常都包含一些文字注释来标注图样中的一些非图形信息。例如，机械工程图形中的标题栏、明细栏、技术要求等都需要文字。图样的文字样式应符合国家制图标准要求，又需根据实际情况来设置文字的大小、方向等。

1. 创建文字样式

在 AutoCAD 中，所有文字都有与之相关联的文字样式。在创建文字注释和尺寸标注时，AutoCAD 通常使用当前的文字样式，也可以根据具体要求重新设置文字样式或创建新的样式。文字样式包括文字字体、高度、宽度因子、倾斜角、反向、倒置以及垂直等参数。

选择“格式”菜单栏中的“文字样式”命令，打开“文字样式”对话框，如图 5-20 所示。利用该对话框可以修改或创建文字样式，并设置文字的当前样式。

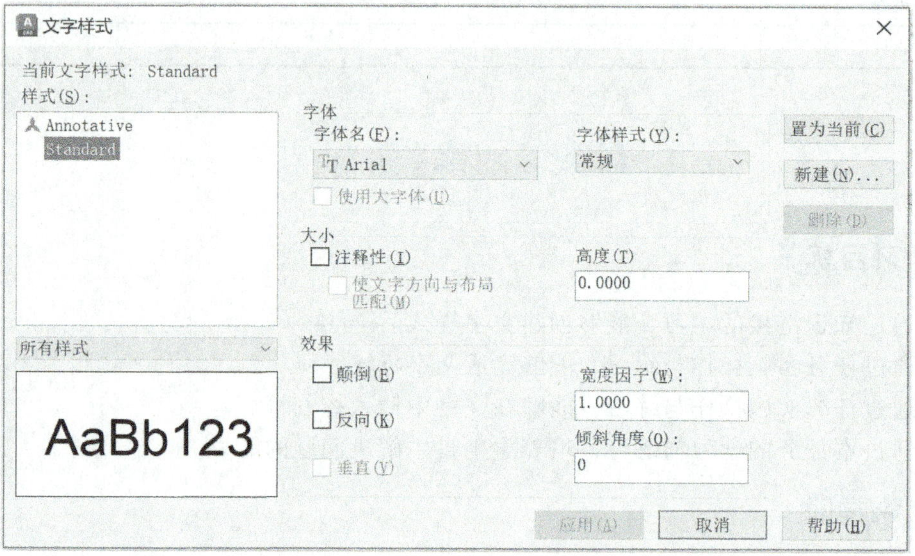

图 5-20 “文字样式”对话框

(1)“样式”选项组

1)“样式”：列出当前可以使用的文字样式，默认文字样式为“Standard”。

2)“新建”：单击该按钮打开“新建文字样式”对话框，如图 5-21 所示。在“样式名”文本框中输入新建文字样式名称后，单击“确定”按钮可以创建新的文字样式。新建文字样式名称将显示在“样式名”下拉列表框中。

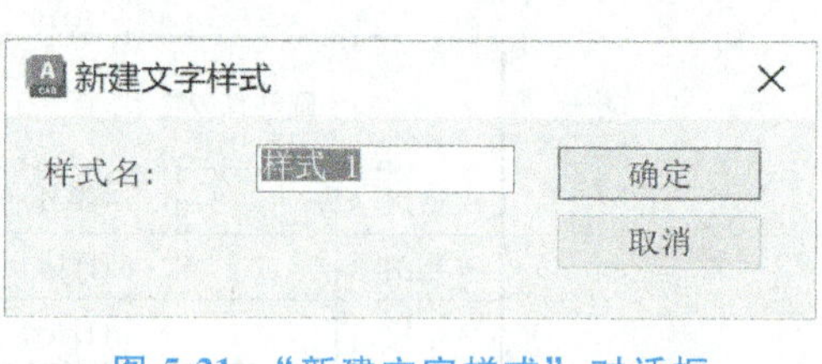

图 5-21 “新建文字样式”对话框

3)“删除”：单击该按钮可以删除某个已有的文字样式，但无法删除已经使用的文字样式和默认的“Standard”样式。

(2)“字体”选项组 字体选项组用于设置文字样式使用的字体。

1)“字体名”：该下拉列表框中列出来所有后缀名为“SHX”的字体。其中带有双“T”标志的字体是 TrueType 字体，其他字体是 AutoCAD 自带的字体。

2)“使用大字体”：用来选择是否使用大字体，只有在“字体名”中指定 SHX 文件，才能选中“使用大字体”复选按钮。

3）“字体样式”：指定字体格式，比如斜体、粗体或常规字体。选中“使用大字体”复选按钮后，该选项变为“大字体”，用于选择大字体文件。

（3）“大小”选项组

1）“注释性”：指定文字为注释性文字。

2）“使文字方向与布局匹配”：指定图纸空间视口中的文字方向与布局方向匹配。如果取消选中“注释性”复选按钮，则该项不可用。

3）“高度”：根据输入的值设置文字高度。输入大于 0.0 的高度值将自动按此样式设置文字高度。如果输入 0.0，则文字高度将默认为上次使用的文字高度，或者使用存储在图形样板文件中的值。

（4）“效果”选项组　可以设置文字的颠倒、反向、倾斜等显示效果，如图 5-22 所示。

1）“宽度因子”：设置文字字符的高度和宽度之比。当宽度比例为 1 时，将按系统定义的宽度比书写文字；当宽度比例小于 1 时，字符会变窄；当宽度比例大于 1 时，字符会变宽。

2）“倾斜角度”：设置文字的倾斜角度。角度为 0°时不倾斜；角度为正值时向右倾斜；角度为负值时向左倾斜。

完成文字样式设置后，单击“应用”按钮即可应用文字样式。单击“关闭”按钮，关闭“文字样式”对话框。

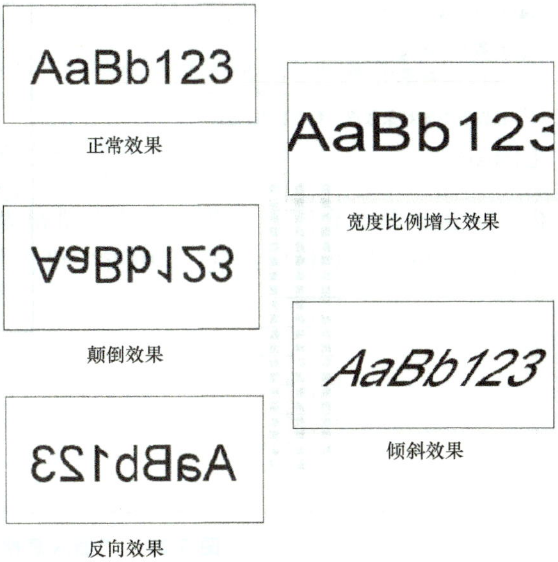

图 5-22　文字效果

2. 使用文字控制符

在实际设计绘图中，往往需要标注一些特殊的字符。例如，在文字上方或下方添加划线、标注角度（°）、±、ϕ 等符号。这些特殊字符不能从键盘上直接输入，因此 AutoCAD 提供了相应的控制符，以实现这些标注要求。控制符由两个百分号（%）和一个字符组成，常用的控制符及其功能见表 5-2。

表 5-2　AutoCAD 的常用控制符及其功能

控制符	功　能
%%C	输入直径符号 ϕ
%%P	输入正负号±
%%D	输入角度值符号(°)
%%%	输入百分号(%)
%%O	打开/关闭上划线功能
%%U	打开/关闭下划线功能

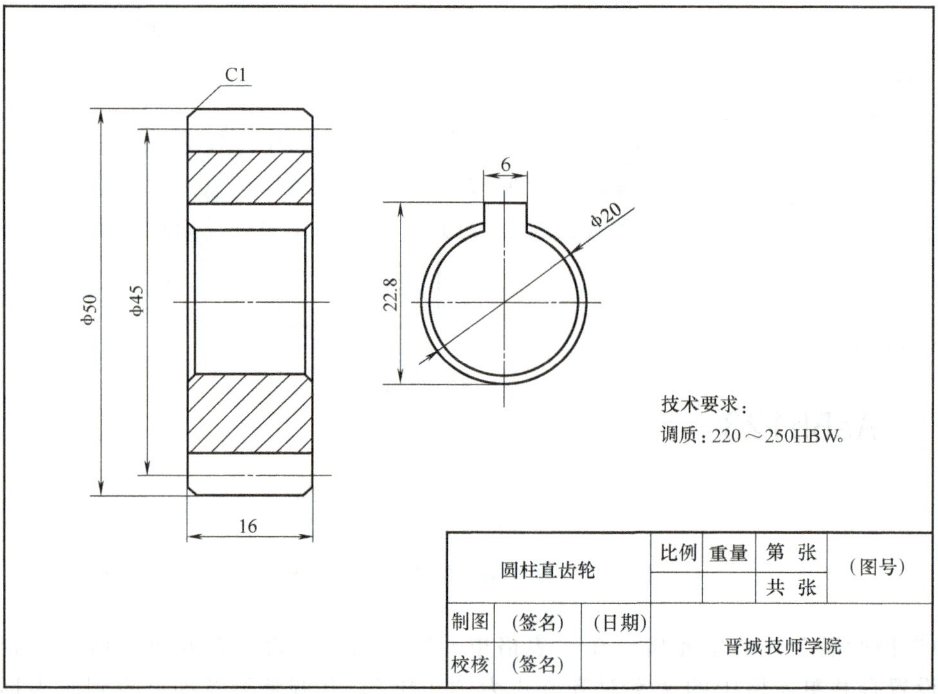

图 5-28　圆柱直齿轮

2. 打开项目四所绘制的法兰盘，为其添加图框、标题栏、技术要求，如图 5-29 所示。

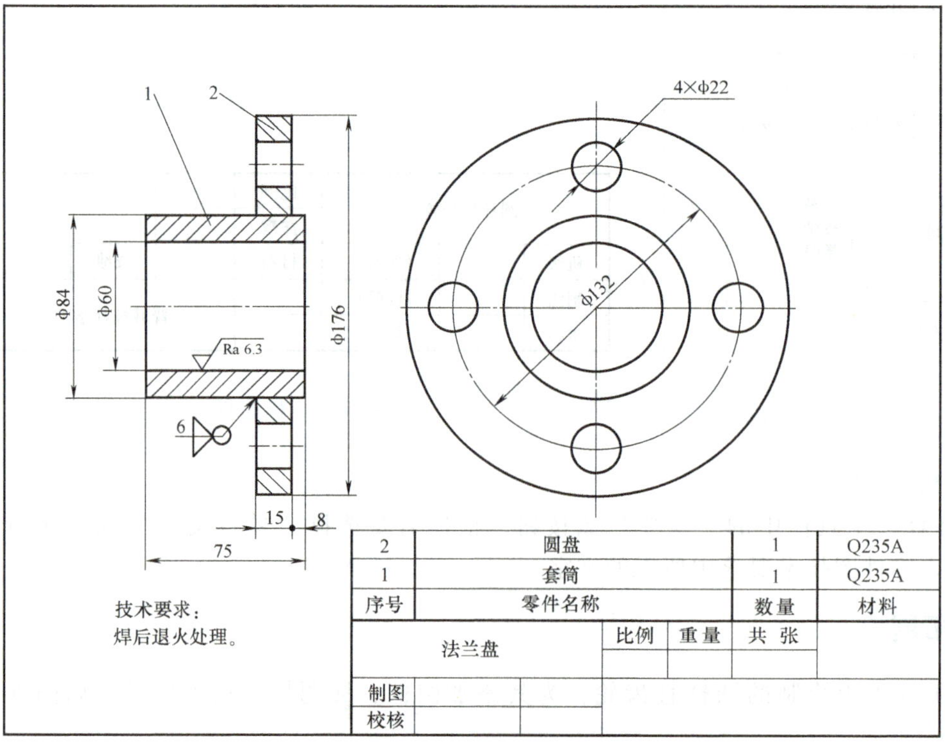

图 5-29　法兰盘

任务评价

表 5-3　任务二综合评价表

项目	自我评价			小组评价			教师评价		
	10~9	8~6	5~1	10~9	8~6	5~1	10~9	8~6	5~1
	占总评 10%			占总评 30%			占总评 60%		
绘制表格									
任务拓展 1									
任务拓展 2									
安全文明									
时间观念									
学习主动性									
工作态度									
语言表达能力									
团队合作精神									
小计									
总评									

任务三　绘制螺栓并进行尺寸标注

学习目标

1）通过知识链接的学习，掌握尺寸工具栏各按钮的功能。

2）通过任务实施，能完成螺栓的绘制并进行尺寸标注。

3）通过本次任务的学习，培养学生细致耐心的工作态度。

建议学时

4 学时

任务描述

通过绘制图 5-30 所示的螺栓，掌握螺栓绘图过程及标注方法。

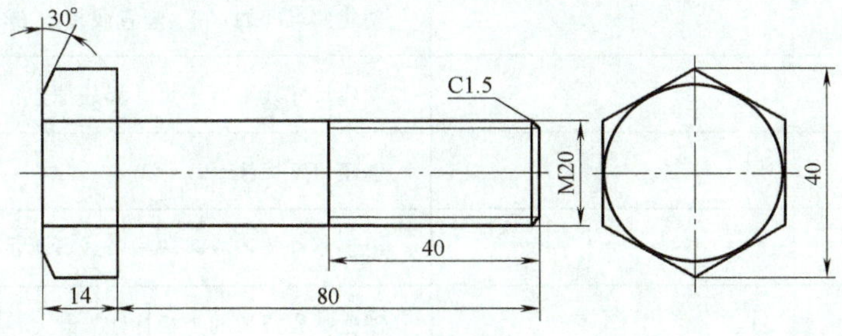

图 5-30　螺栓

知识链接

尺寸标注在图形设计中是一项重要的内容，绘制图形的根本目的在于反映对象的形状，而图形中各个对象的真实大小和相互位置只有经过尺寸标注后才能确定。

1. 尺寸标注的规则

1）物体的真实大小应以图样上所标注的尺寸数值为依据，与图形的大小及绘图的准确度无关。

2）图样中的尺寸以 mm 为单位时，不需要标注计量单位的代号和名称。如果采用其他单位，必须注明单位相应计量单位的代号或名称，如°、cm 及 m 等。

3）图样中所标注的尺寸为该图样所表示的物体的最后完工尺寸，否则应另加说明。

4）一般物体每一尺寸只标注一次，并应标注在表示该结构最清晰的图形上。

2. 尺寸标注的组成

在机械制图或其他工程绘图中，一个完整的尺寸标注应由标注文字、尺寸线、尺寸界线、箭头等组成。这几个部分构成一个完整的元素，使用“修改”菜单栏中的“分解”命令可以进行分解，分解后，标注文字、尺寸线、尺寸界线、箭头等部分成为不同的元素。

3. 尺寸标注的类型

AutoCAD 提供了 10 多种尺寸标注类型，分别为“快速标注”“线性标注”“对齐标注”“坐标标注”“半径标注”“直径标注”“角度标注”“基线标注”“连续标注”“公差标注”“圆心标注”等，在“标注”工具栏与“标注”菜单栏中列出了尺寸标注的类型，如图 5-31 所示。

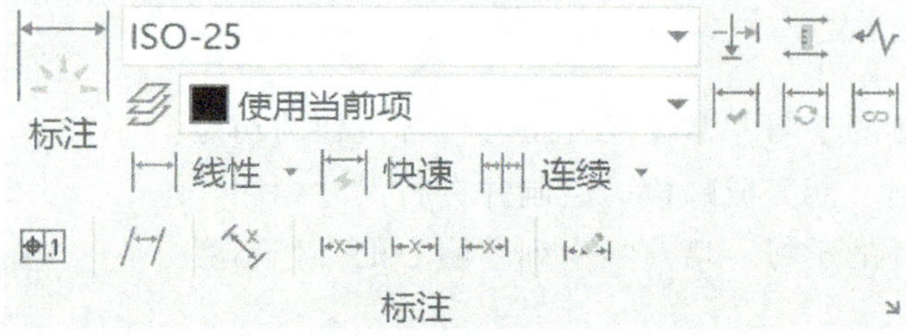

图 5-31　“标注”工具栏

这些标注方式的名称，对应标注类型及其功能见表 5-4。

表 5-4　AutoCAD 标注类型及其功能

标注名称	工具栏按钮	功　能
线性		创建两点间的水平、竖直或指定方向的距离标注
对齐		创建尺寸线平行于尺寸界线原点的线型标注
角度		创建角度标注
弧长		用于测量圆弧或多段线弧线段上的距离
半径		创建圆或圆弧的半径标注

（续）

标注名称	工具栏按钮	功 能
直径		创建圆或圆弧的直径标注
折弯		创建圆或圆弧的折弯标注
坐标		用于测量从原点到要素的水平或竖直距离
快速		从选定对象中，快速创建一组标注
连续		从上一个或选定标注的第二条延伸线开始的线性、角度或坐标标注
基线		从上一个或选定标注的基线的一系列线性、角度或坐标标注
折断		在标注或延伸线与其他对象交叉处折断或恢复标注和延伸线
调整间距		调整线型标注或角度标注之间的间距
折弯线性		在线性或对齐标注上添加或删除折弯线
检验		添加或删除与选定标注关联的检验信息
更新		用当前标注样式更新标注对象
重新关联		将选定的标注关联或重新关联到对象或对象上的点
公差		创建包含在特征框中的几何公差
倾斜		使线性标注的延伸线倾斜
文字角度		将标注文字旋转一定角度
左对正		左对齐标注文字
居中对正		标注文字置中
右对正		右对齐标注文字
替代		控制对选定标注中所使用的系统变量的替代

4. 创建尺寸标注的基本步骤

1）在“格式”菜单栏中选择“图层”命令，在打开的“图层特性管理器”对话框中创建一个独立的图层，用于尺寸标注。

2）在“格式”菜单栏中选择“文字样式”命令，在打开的“文字样式”对话框中创建一种文字样式，用于尺寸标注。

3）在“格式”菜单栏中选择“标注样式”命令，在打开的“标注样式管理器”对话框中设置标注样式。

4）使用对象捕捉和标注等功能，对图形中的元素进行标注。

5. 创建标注样式

在 AutoCAD 中，使用“标注样式”可以控制标注的格式和外观，建立强制执行的绘图标准，并有利于对标注格式及用途进行修改。要创建标注样式，在“格式”菜单栏中选择“标注样式”命令，打开“标注样式管理器”对话框，如图 5-32 所示，单击“新建”按钮，在打开的“创建新标注样式”对话框中即可创建新标注样式，如图 5-33 所示。

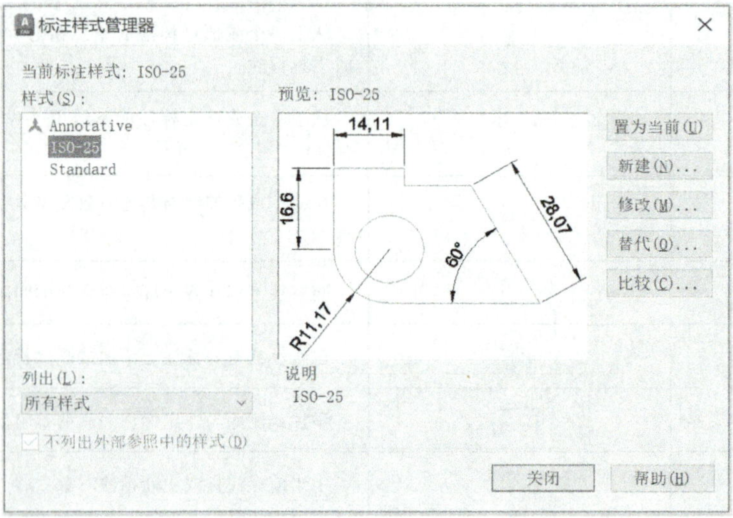

图 5-32　“标注样式管理器”对话框

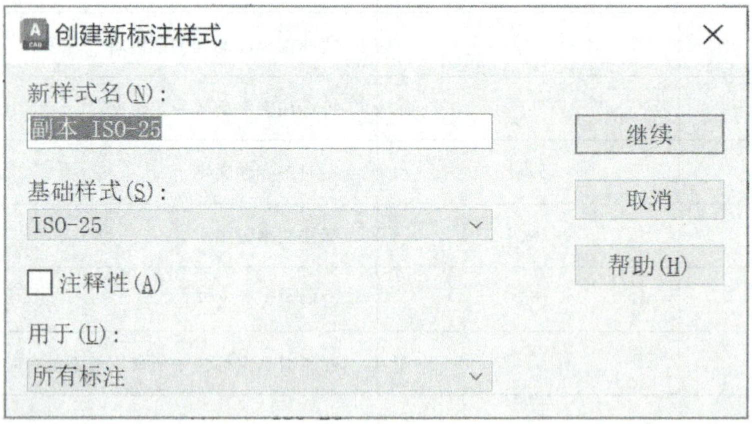

图 5-33　“创建新标注样式”对话框

完成上述设置后，单击“继续”按钮，打开“新建标注样式：副本 ISO-25”对话框，如图 5-34 所示，通过该对话框可以对“线”“符号和箭头”“文字”“调整”“主单位”“换算单位”“公差”选项卡进行设置。

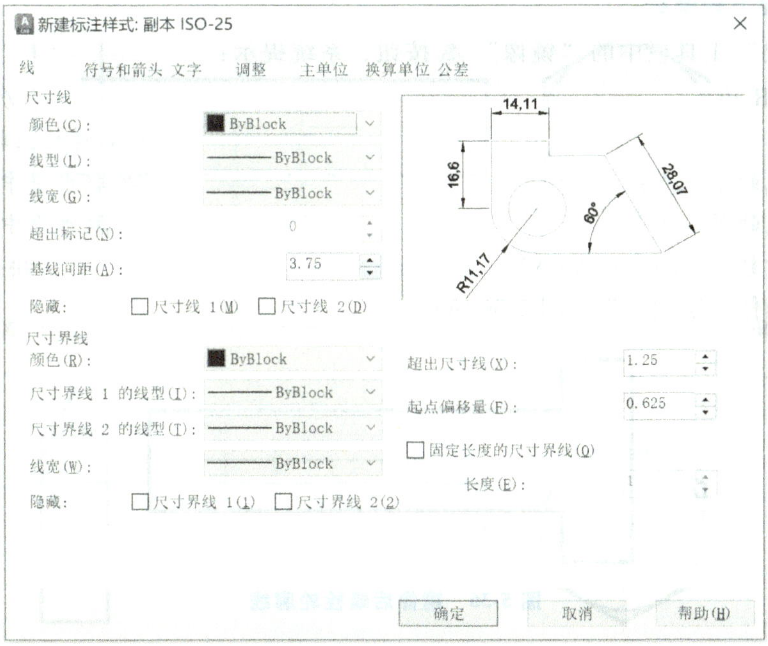

图 5-34 “新建标注样式：副本 ISO-25” 对话框

任务实施

一、绘制螺栓

1. 绘制中心线及螺栓上轮廓线

选择中心线层，绘制水平中心线；选择粗实线层，单击“绘图”工具栏中的“直线”按钮 ，系统提示：

命令:_LINE

指定第一点: //拾取水平中心线左端一点

指定下一点或[放弃(U)]:20 //竖直向上移动光标，输入“20”

指定下一点或[放弃(U)]:14 //水平向右移动光标，输入“14”

指定下一点或[闭合(C)/放弃(U)]:10 //竖直向下移动光标，输入“10”

指定下一点或[闭合(C)/放弃(U)]:80 //水平向右移动光标，输入“80”

指定下一点或[闭合(C)/放弃(U)]:10 //竖直向下移动光标，输入“10”

指定下一点或[闭合(C)/放弃(U)]: //按<Esc>键或右击，退出直线功能

完成上述操作，绘制结果如图 5-35 所示。

图 5-35 螺栓上轮廓线

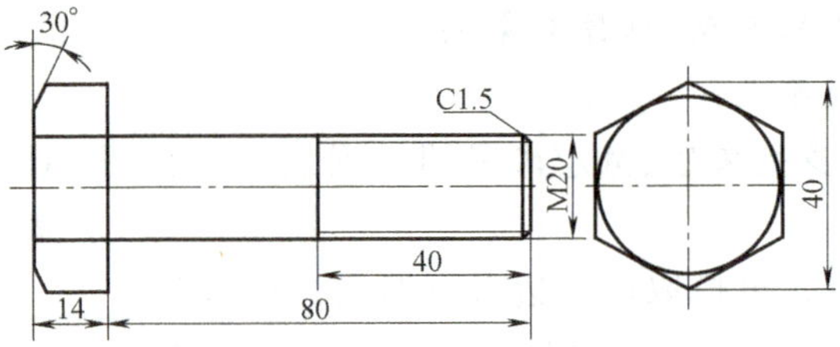

图 5-52　最终标注结果

任务拓展

1. 绘制图 5-53 所示的螺母并标注尺寸，绘图方法与螺栓绘制方法基本一致。

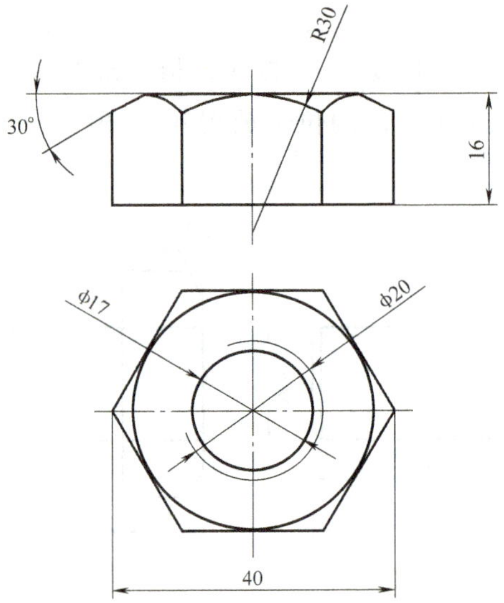

图 5-53　螺母

2. 绘制图 5-54 所示的机体底座并标注尺寸，注意公差的标注。

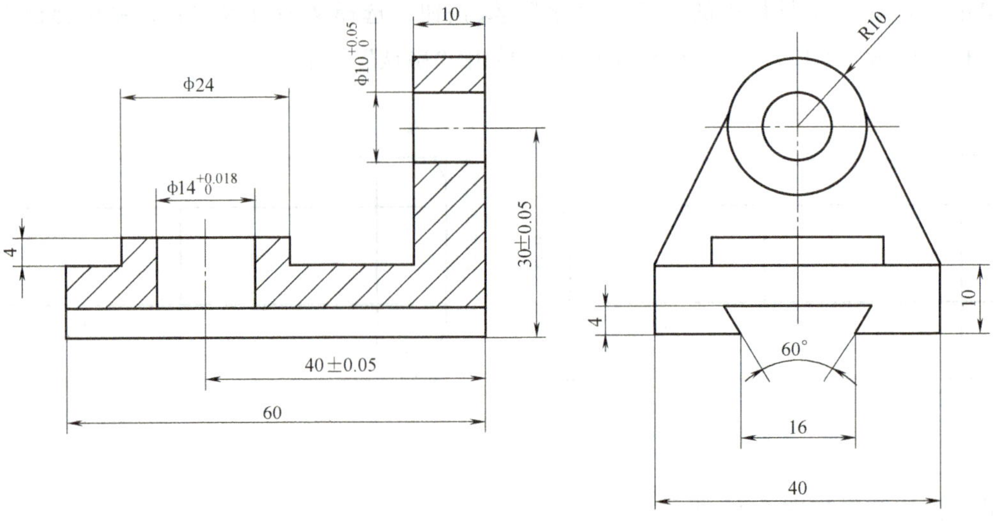

图 5-54　机体底座

任务评价

表 5-5 任务三综合评价表

项目	自我评价			小组评价			教师评价		
	10~9	8~6	5~1	10~9	8~6	5~1	10~9	8~6	5~1
	占总评 10%			占总评 30%			占总评 60%		
绘制螺栓									
任务拓展 1									
任务拓展 2									
安全文明									
时间观念									
学习主动性									
工作态度									
语言表达能力									
团队合作精神									
小计									
总评									

试题集萃

1. 多行文本标注命令是（　　）。

A. TEXT　　B. MTEXT　　C. QTEXT　　D. WTEXT

2. 下列不属于基本标注类型的标注是（　　）。

A. 对齐标注　　B. 基线标注　　C. 快速标注　　D. 线性标注

3. 绘制一个线性尺寸标注，必须（　　）。

A. 确定尺寸线的位置　　B. 确定第二条尺寸界线的原点

C. 确定第一条尺寸界限的原点　　D. 确定箭头的方向

4. （　　）命令用于创建平行于所选对象或平行于两尺寸界线原点连线的直线型尺寸。

A. 快速标注　　B. 对齐标注　　C. 连续标注　　D. 线性标注

5. 如果在一个线性标注数值前面添加直径符号，则应用哪个命令：（　　）。

A. %%C　　B. %%O　　C. %%D　　D. %%%

6. 设置尺寸标注样式有以下哪几种方法：（　　）。

A. 选择“格式”→“标注样式”命令

B. 单击“标注”菜单栏上的“标注样式”图标按钮

C. 在命令行中输入“DDIM”命令后按<Enter>键

D. 在命令行中输入“Style”命令后按<Enter>键

7. 对于“标注”→“坐标”命令，以下正确的是：（　　）。

A. 可以输入多行文字　　B. 可以输入单行文字

C. 可以一次性标注 X 坐标和 Y 坐标　　D. 可以改变文字的角度

8. 在文字输入过程中，输入“1/2”，在 AutoCAD 2023 中运用（　　）命令过程中可以把此分数形式改为水平分数形式。

A. 单行文字　　B. 对正文字　　C. 多行文字　　D. 文字样式

9. 使用“快速标注”命令标注圆或圆弧时，不能自动标注（　　）选项。

A. 半径　　B. 基线　　C. 圆心　　D. 直径

项目六

复杂二维图形绘制

项目描述

本项目通过综合应用平面绘图工具、编辑工具特别是镜像、圆角、倒角等工具绘制相对复杂的二维图形，通过本项目的学习，学生可以了解常用复杂图形的绘制方法和步骤，从而进一步扩展绘图知识和能力。

完成本项目图形绘制时要灵活应用绘图工具、编辑工具，并且学会对图形进行布尔运算、数据查询等功能。

任务一　绘制手柄

学习目标

1）通过知识回顾，能对图层进行正确的设置与应用。

2）通过案例操作与练习，能熟练使用“直线”“圆”“矩形”命令绘制图形。

3）通过案例操作与练习，能熟练使用“移动”“偏移”“分解”“镜像”“延伸”“圆角”“倒角”编辑工具。

4）学会面域的创建方法。

5）完成绘制手柄，了解复杂图形的绘图步骤，形成良好的绘图习惯。

建议学时

2 学时

任务描述

绘制图 6-1 所示手柄。

该图形主要由圆、圆弧构成，在绘图过程中，可以利用圆与圆弧之间的相切方式完成。

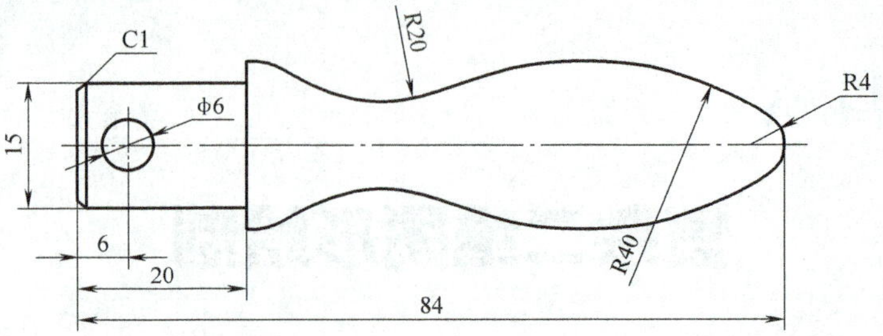

图 6-1 手柄

知识链接

面域是指由闭合的图形或环创建的具有封闭边界的平面实体，可进行布尔运算。

1. 命令执行方式

1）菜单栏：选择“绘图”→“面域”命令。

2）工具栏：单击“绘图”工具栏→“面域” 按钮。

3）命令行：输入“REGION”。

2. 操作示例

将图 6-2a 所示的图形转换为面域，单击“绘图”工具栏“面域” 按钮，系统提示：

命令:_REGION //执行创建面域命令

选择对象:指定对角点:找到 12 个 //从左向右框选,选中所有对象

选择对象: //按<Enter>键或右击确定

已提取 3 个环。

已创建 3 个面域。 //完成面域创建

面域创建后的选中状态如图 6-2c 所示，它由 3 个实体组成，显然与图 6-2b 所示转换前的线框选中状态存在差异。

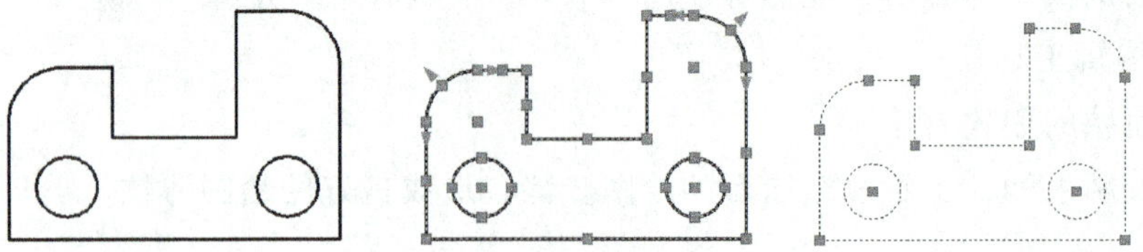

a) b) c)

图 6-2 面域

小提示：

1）创建面域之前，应对图 6-3 上多余的线条进行删除、修剪等，应保证相邻对象间连接端点的共享性，使之成为一个封闭的二维图，否则不能创建面域。图 6-3 所示的图形就无法完成创建面域。

2）创建面域后线型会发生改变。

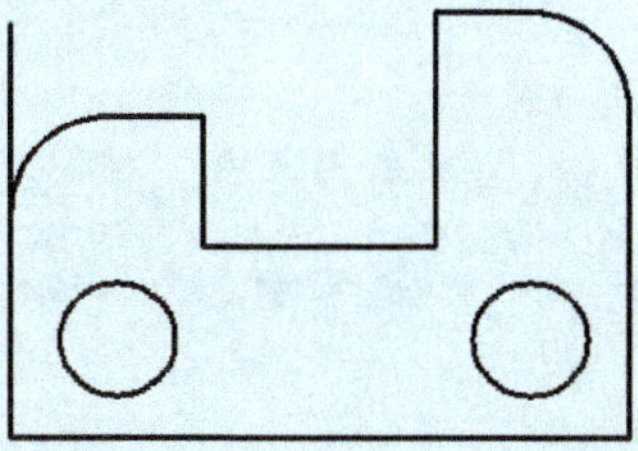

图 6-3　错误图例

任务实施

1. 创建新图形文件

选择“文件”→“新建”命令，在弹出的“选择样板”对话框中选用“acadiso. dwt”样板，单击“打开”按钮创建新的图形，如图 6-4 所示。

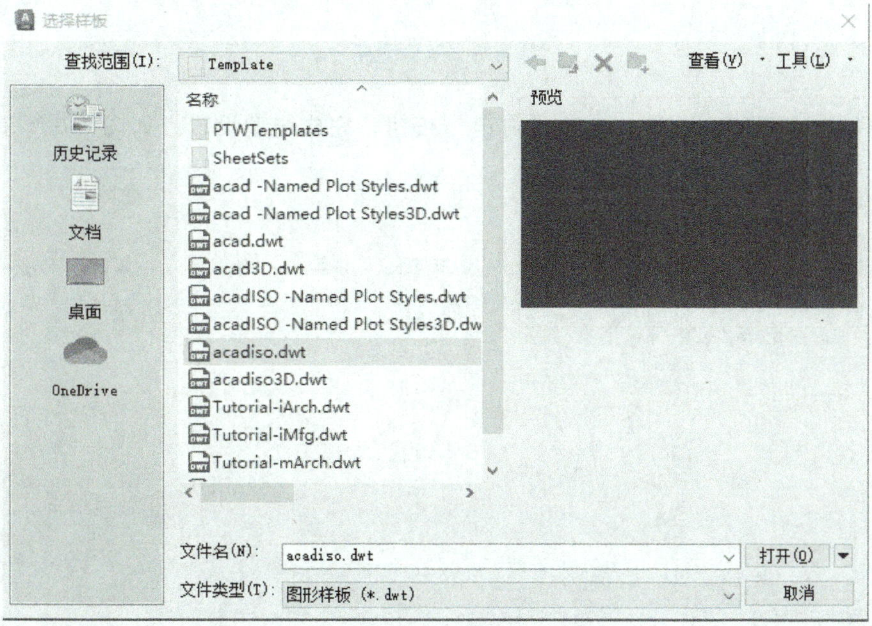

图 6-4　示例

2. 设置图层

(1) 新建图层

1) 单击“图层”工具栏中的“图层特性”按钮，打开“图层特性管理器”对话框。

2) 单击“新建图层”按钮，创建一个新图层。

3) 将该图层命名为“中心线”，如图 6-5 所示。

(2) 设置线型

1) 单击“中心线”图层上的线型“Continous”按钮，弹出“选择线型”对话框。

2) 单击“加载”按钮，弹出“加载或重载线型”对话框。

3) 选择“CENTER2”项，单击“确定”按钮，完成加载。

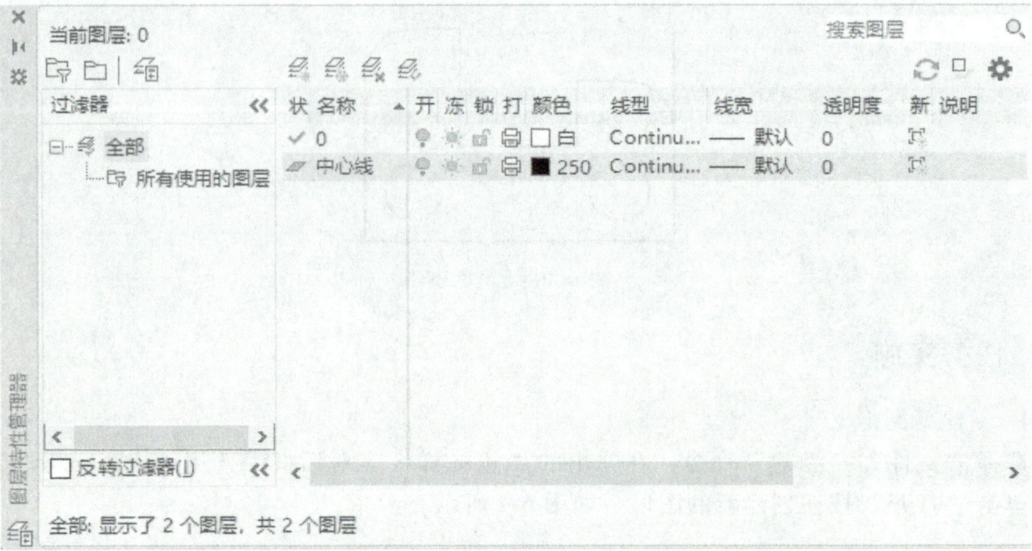

图 6-5　新建图层

4）选择“CENTER2”项，单击“确定”按钮，完成线型设置，如图 6-6 所示。

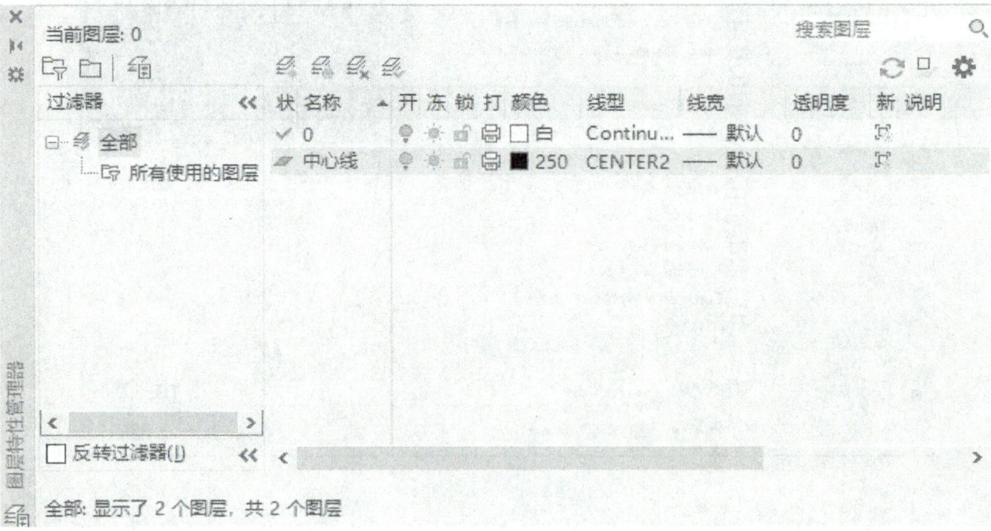

图 6-6　设置线型

（3）设置线宽

1）单击“中心线”图层上的“—— 默认”按钮，弹出“线宽”对话框。

2）从中选择“——0. 25mm”选项，单击“确定”按钮，完成设置。

（4）设置颜色

1）单击“中心线”图层的颜色列对应的“■ 白”按钮，打开“选择颜色”对话框。

2）选择颜色，单击“确定”按钮，完成颜色设置。

（5）设置其他图层　在图层中完成“粗实线”“标注”图层的设置，也可以选用自己喜欢的图层颜色，图层具体设置参数见表 6-1。

表 6-1　图层具体设置参数

图层	颜色	线型	线宽/mm
中心线	自选	CENTER2	0.25
粗实线	自选	Continous	0.5
标注	自选	Continous	0.25

3. 绘制矩形

1）将当前图层设为“粗实线”层。

2）单击“绘图”工具栏中的“矩形”按钮，在系统提示下，绘制长度为 20mm、宽度为 15mm 的矩形。

3）单击“修改”工具栏中的“分解”按钮，对其分解。

4. 绘制中心线、辅助线

1）将当前图层设为“中心线”层。

2）单击“绘图”工具栏中的“直线”按钮，在矩形左侧边的中点处绘制水平中心线，长度为 84mm。

小提示：

在绘制直线时需要把“正交”模式打开。

3）单击“修改”工具栏中的“偏移”按钮，向上偏移该直线，偏移距离为 10mm，完成后如图 6-7 所示。

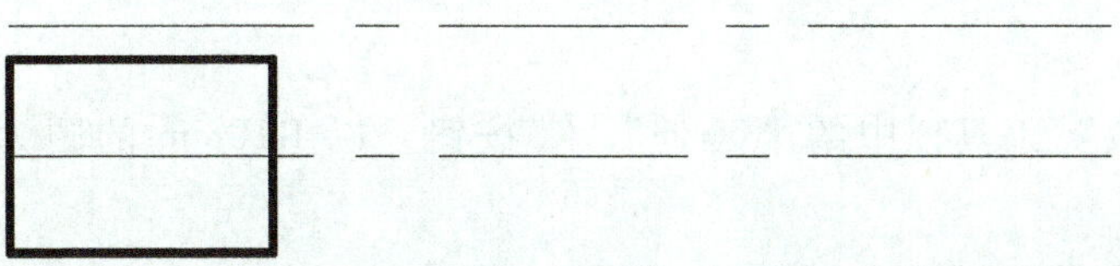

图 6-7　绘制中心线、辅助线

5. 绘制同心圆

1）将当前图层设为“粗实线”层。

2）单击“绘图”工具栏中的“圆”按钮，以点 O 为圆心绘制 R10mm 的圆。

3）以点 O 为圆心绘制 R4mm 的圆，如图 6-8 所示。

小提示：

当重复上一个步骤时，可右击在快捷菜单中选择“重复 CIRCLE”命令，可提高绘图速度。也可按<Enter>键重新执行上一个命令。

6. 移动圆

单击“修改”工具栏中的“移动”按钮，平移 R4mm 的圆，移动距离为 60mm，如图 6-9 所示。

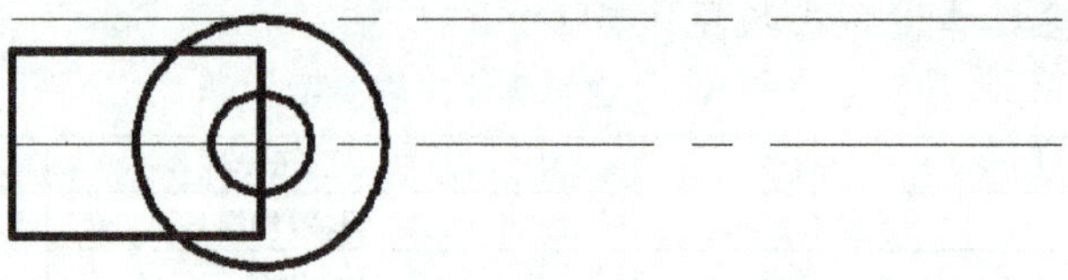

图 6-8 同心圆

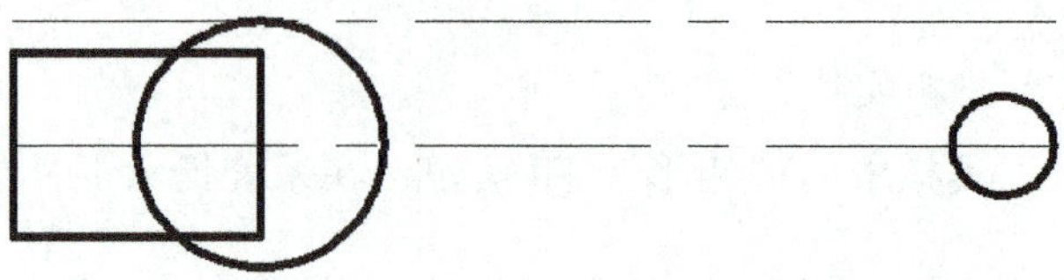

图 6-9 移动圆

7. 绘制圆弧

单击“绘图”工具栏中的“圆”按钮，用“相切、相切、半径”方式绘制 R40mm 的圆。用相同的方法绘制 R20mm 的圆弧，如图 6-10 所示。

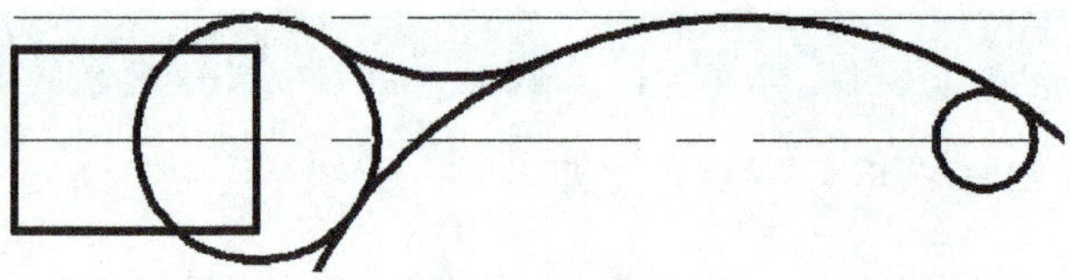

图 6-10 绘制圆弧

8. 延伸边长

1）单击“修改”工具栏中的“延伸”按钮，以 R10mm 的圆为边界延伸矩形的右侧边。

2）删除图中多余的线段，完成后如图 6-11 所示。

9. 镜像图形

1）单击“修改”工具栏中的“镜像”按钮，镜像复制另一半图形。

2）修剪图中多余的圆弧，如图 6-12 所示。

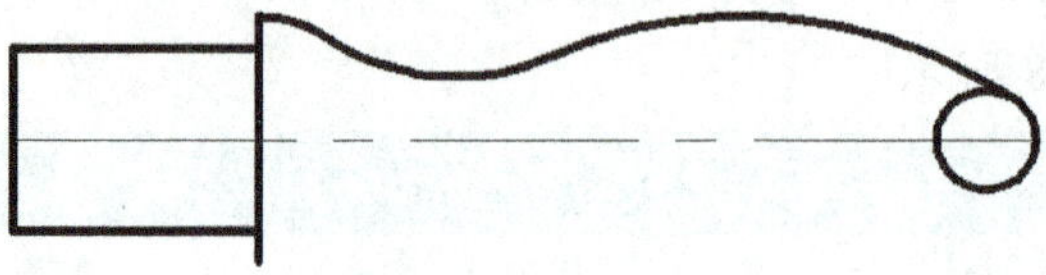

图 6-11 延伸边长

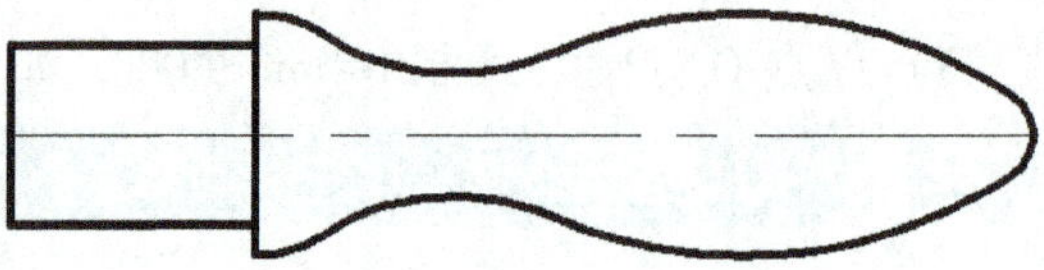

图 6-12 镜像图形

10. 绘制圆孔

1）将当前图层设为“中心线”层。

2）使用“直线”和“偏移”命令相结合的方式，完成圆孔中心线的绘制。

3）将当前图层设为“粗实线”层。

4）单击“绘图”工具栏中的“圆”按钮，绘制一个 ϕ6mm 的圆，如图 6-13 所示。

11. 倒角

1）单击“修改”工具栏中的“倒角” 按钮，绘制 C1 的倒角。

2）连接两点，绘制竖直线，如图 6-14 所示。

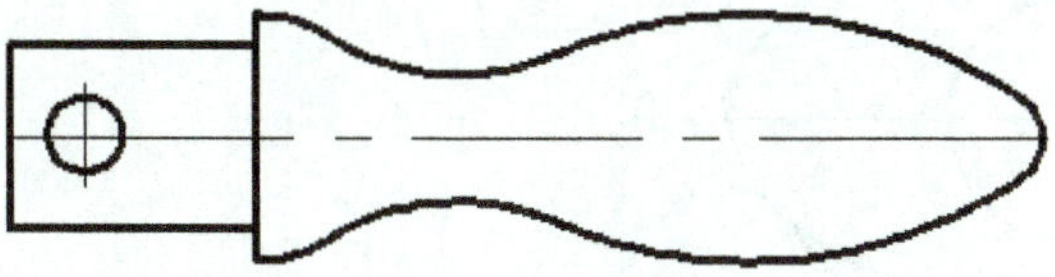

图 6-13　绘制圆孔

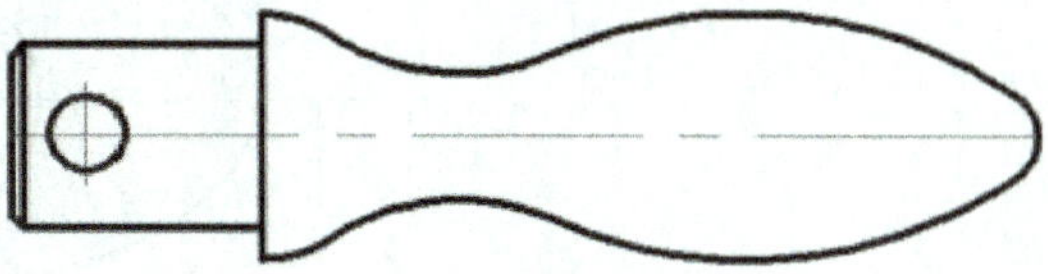

图 6-14　倒角

12. 拉长中心线

根据国标规定，拉长中心线，完成后如图 6-15 所示。

13. 创建面域

1）单击“绘图”工具栏中“面域” 按钮。

2）从左向右框选手柄部分的对象，右击确定，即可完成创建，如图 6-16 所示。

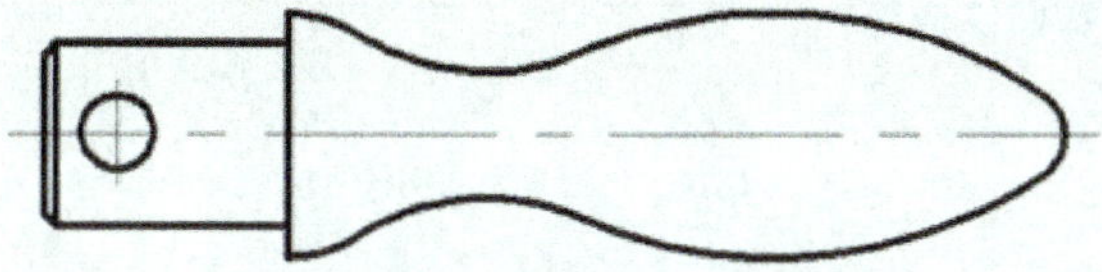

图 6-15　拉长中心线

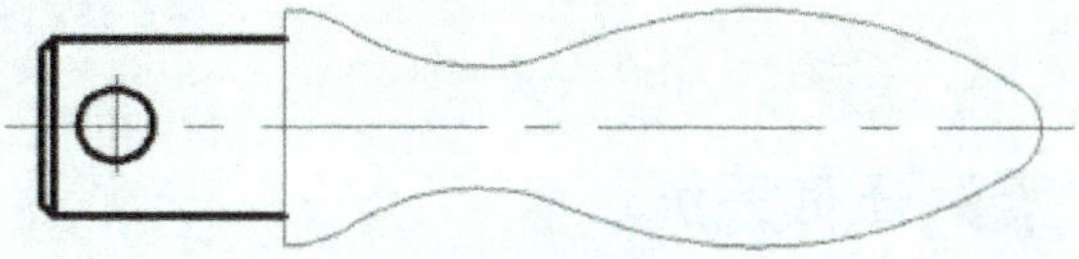

图 6-16　创建面域

小提示：

在创建面域时，必须是封闭的环才能创建成功。

14. 保存

完成手柄平面图绘制，将该图保存为“手柄 . dwg”。

任务拓展

1. 绘制图 6-17 所示的圆和圆弧形槽综合图。

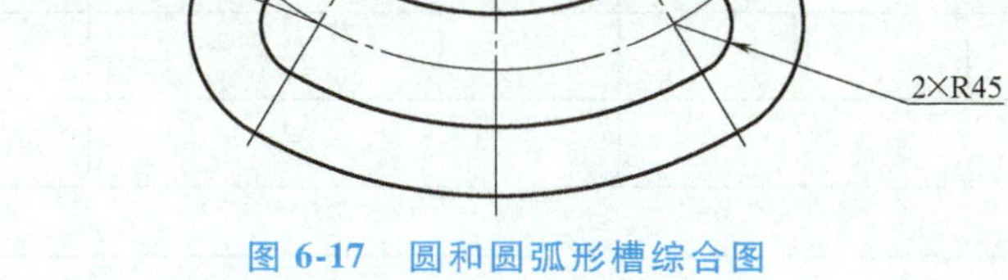

图 6-17　圆和圆弧形槽综合图

2. 绘制图 6-18 所示的圆和椭圆综合图。

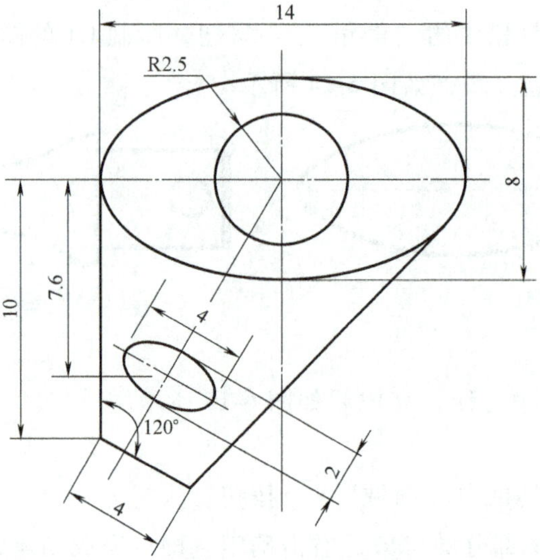

图 6-18 圆和椭圆综合图

任务评价

表 6-2 任务一综合评价表

项目	自我评价			小组评价			教师评价		
	10~9	8~6	5~1	10~9	8~6	5~1	10~9	8~6	5~1
	占总评 10%			占总评 30%			占总评 60%		
分析绘图步骤									
绘制手柄									
任务拓展 1									
任务拓展 2									
安全文明									
时间观念									
学习主动性									
工作态度									
语言表达能力									
团队合作精神									
小计									
总评									

任务二　绘制挂钩

学习目标

1）能够灵活应用辅助绘图工具。

2）能使用“直线”“圆弧”“偏移”“倒角”“打断”“修剪”等命令进行绘图。

3）能够运用布尔运算对图形进行编辑。

4）能够按时完成绘制挂钩任务，熟练运用各种绘图工具。

5）遵守机房安全操作规定，学会团队合作共同完成绘图任务。

建议学时

2 学时

任务描述

绘制图 6-19 所示的吊钩平面图。绘制过程中，主要练习使用“直线”“圆弧”及“偏移”“倒角”“打断”“修剪”等命令。

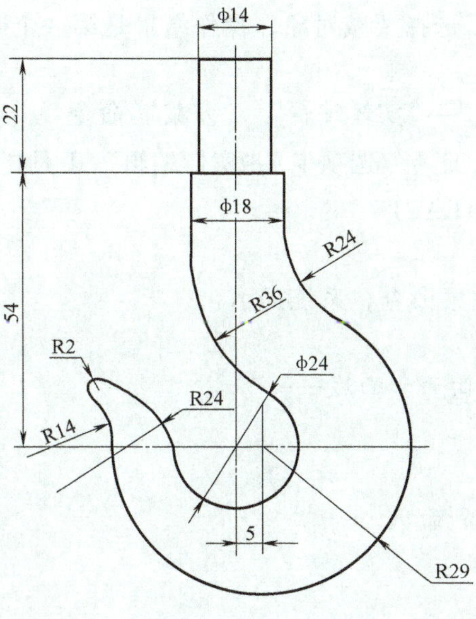

图 6-19　吊钩平面图

知识链接

1. 并集操作

使用“并集”命令，可将两个或多个面域合并在一起，形成新的单一的实体。

（1）命令执行方式

1）菜单栏：选择“修改”→“实体编辑”→“并集”命令。

2）工具栏：单击“三维工具”选项卡→“实体编辑”工具栏→“并集”按钮。

3）命令行：输入“UNION”。

（2）操作示例　以图 6-20a 为例，执行“并集”命令，系统提示：

命令:_UNION

选择对象:指定对角点:找到 2 个　　//拾取长方体及圆

选择对象:↙　　//按<Enter>键或右击确定

完成上述操作，结果如图 6-20b 所示。

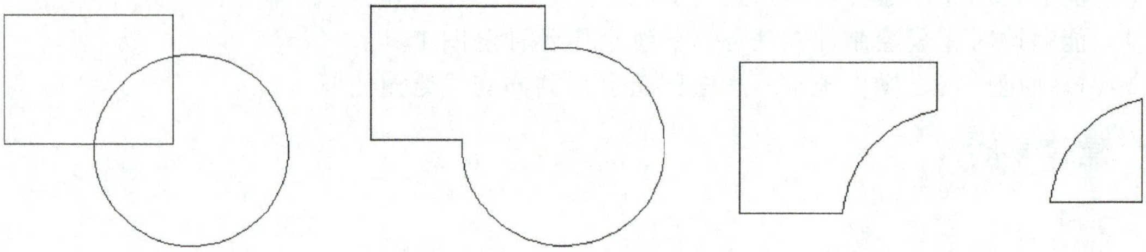

a)　b)　c)　d)

图 6-20　布尔运算示例

2. 差集操作

使用“差集”命令，可从一个实体中去掉另一些实体，从而得到一个新的实体。操作时，首先选择被减对象，然后选择要减对象，操作结果是第一个减去第二个形成的新对象。

（1）命令执行方式

1）菜单栏：选择“修改”→“实体编辑”→“差集”命令。

2）工具栏：单击“三维工具”选项卡→“实体编辑”工具栏→“差集”按钮。

3）命令行：输入“SUBTRACT”。

（2）操作示例

以图 6-20a 为例，执行差集命令，系统提示：

命令:_SUBTRACT

选择要从中减去的实体、曲面和面域……　　//拾取长方体

选择对象:找到 1 个

选择对象:↙　　//按<Enter>键或右击确定

选择要减去的实体、曲面和面域……　　//拾取圆

选择对象:找到 1 个

选择对象:↙　　//按<Enter>键或右击确定

完成上述操作，结果如图 6-20c 所示。

3. 交集操作

交集命令用于确定多个面域之间的公共部分，非公共部分会被删除。

（1）命令执行方式

1）菜单栏：选择“修改”→“实体编辑”→“交集”命令。

2）工具栏：单击“三维工具”选项卡→“实体编辑”工具栏→“交集”按钮。

3）命令行：输入“INTERSECT”。

（2）操作示例　以图 6-20a 为例，执行交集命令，系统提示：

命令:_INTERSECT

选择对象:指定对角点:找到 2 个　　//拾取长方体及圆

选择对象:　　//按<Enter>键或右击确定

完成上述操作，结果如图 6-20d 所示。

任务实施

1. 创建新图形

选择“文件”→“新建”命令，在弹出的“选择样板”对话框中选用“acadiso. dwt”样板，单击“打开”按钮创建新的图形。

2. 设置图层

操作过程和任务一相同，略。

3. 绘制中心线和辅助线

（1）绘制中心线

1）将当前图层设为“中心线”层。

2）单击“绘图”工具栏中的“直线” 按钮，绘制水平和竖直中心线，如图 6-21a 所示。

（2）绘制辅助线

1）单击“修改”工具栏中的“偏移” 按钮，绘制与水平线相距 54mm、76mm 的两条平行辅助线。

2）重复“偏移”操作，再绘制与竖直中心线左右两边各相距 7mm、9mm 的 4 条竖直辅助线，如图 6-21b 所示。

a) 绘制水平和竖直中心线　　b) 绘制水平和竖直辅助线

图 6-21　绘制中心线和辅助线

4. 绘制钩柄部分的直线

（1）设置当前图层　将当前图层设为“粗实线”层。

（2）绘制钩柄部分的直线　单击“绘图”工具栏中“直线” 按钮，绘制钩柄部分的直线，如图 6-22a 所示。

（3）删除辅助线　单击“修改”工具栏中的“删除” 按钮，选择要删除的辅助线（此时辅助线变为虚线），右击，完成删除，如图 6-22b 所示。

a) 绘制钩柄部分直线　　b) 删除辅助线

图 6-22　绘制钩柄部分的直线

5. 绘制钩子弯曲中心部分 ф24mm、R29mm 的圆

（1）绘制 R29mm 的圆弧中心线　单击“修改”工具栏中的“偏移” 按钮，绘制与竖直中心线相距 5mm 的 R29mm 的圆弧中心线（即偏移距离为 5mm），如图 6-23a 所示。

（2）绘制 ф24mm、R29mm 的圆

1）单击“绘图”工具栏中的“圆”按钮，以圆弧中心线和水平中心线的交点为圆点，绘制 R29mm 的圆。

2）重复“圆”命令，以水平和竖直中心线的交点为圆心，绘制 ф24mm 的圆，如图 6-23b 所示。

小提示：

ф24mm 的圆的尺寸表示的是直径，R29mm 的圆的尺寸表示的是半径。

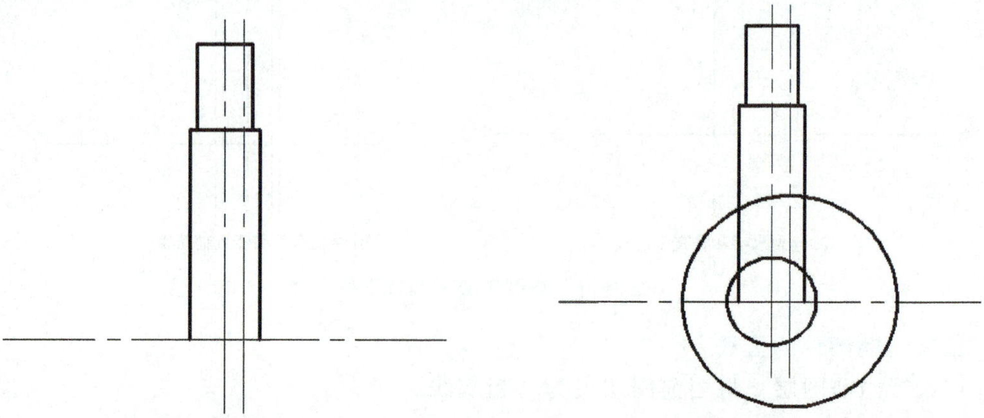

a) 绘制R29的圆弧中心线　　b) 绘制ф24mm、R29mm的圆

图 6-23　绘制钩子弯曲中心部分 ф24、R29 的圆

6. 绘制钩子尖部分 R14mm、R24mm 的圆

（1）绘制 R14mm 的圆

1）选择“中心线”层。

2）单击“绘图”工具栏中的“直线” 按钮，捕捉 R29mm 的圆与水平中心线的左交点，作竖直辅助线。

3）单击“修改”工具栏中的“偏移” 按钮，向左偏移竖直辅助线 14mm，如图 6-24a 所示。偏移后的辅助线与水平中心线的交点就是 R14mm 的圆弧的圆心。

4）更换图层，单击“绘图”工具栏中的“圆” 按钮，绘制 R14mm 的圆，如图 6-24b 所示。

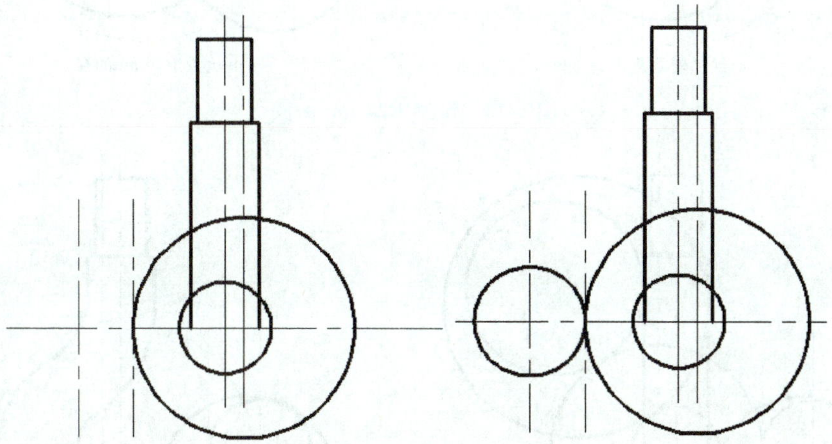

a) 绘制辅助线　　b) 绘制R14mm的圆

图 6-24 绘制 R14mm 的圆

（2）绘制 R24mm 的圆

1）利用“偏移”功能，向下偏移水平中心线 9mm。

2）以 ϕ24mm 圆的圆点为圆心，作半径为 36mm 的辅助圆，如图 6-25a 所示。辅助圆与水平辅助线的交点就是 R24mm 的圆弧的圆心。

3）更换图层，单击“绘图”工具栏中的“圆” 按钮，绘制 R24mm 的圆，如图 6-25b 所示。

7. 绘制钩柄部分过渡圆弧 R36mm 和 R24mm

（1）绘制 R36mm 和 R24mm 的圆　在菜单栏中依次选择“绘图”→“圆”→“相切、相切、半径”命令，绘制 R36mm 和 R24mm 的圆，如图 6-26a 所示。

（2）修剪多余的线条　单击“修改”工具栏中的“修剪” 按钮，修剪多余的线条，如图 6-26b 所示。

8. 绘制钩尖部分 R2mm 的圆

（1）绘制钩尖部分 R2mm 的圆　在菜单栏中依次选择“绘图”→“圆”→“相切、相切、半径”命令，绘制 R2mm 的圆，如图 6-27a 所示。

（2）修剪及删除多余线段　单击“修改”工具栏中“修剪” 按钮和“删除” 按钮，修剪多余的线条，删除辅助线，如图 6-27b 所示。

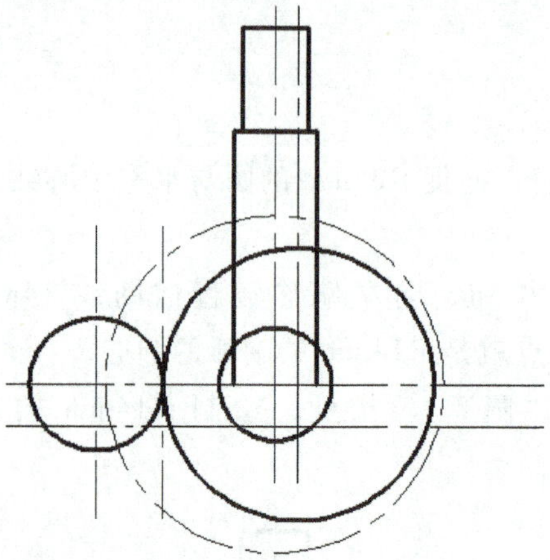

a) 绘制辅助圆

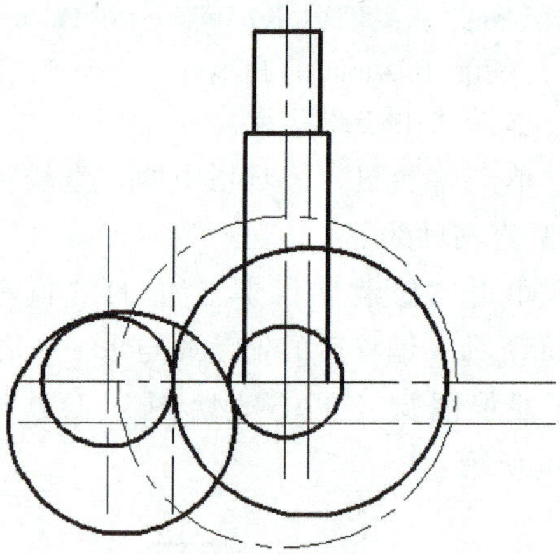

b) 绘制R24mm的圆

图 6-25　绘制 R24mm 的圆

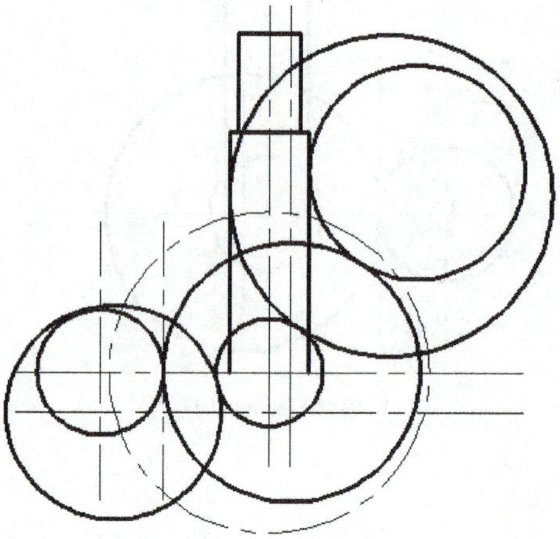

a) 绘制R36mm和R24mm的圆

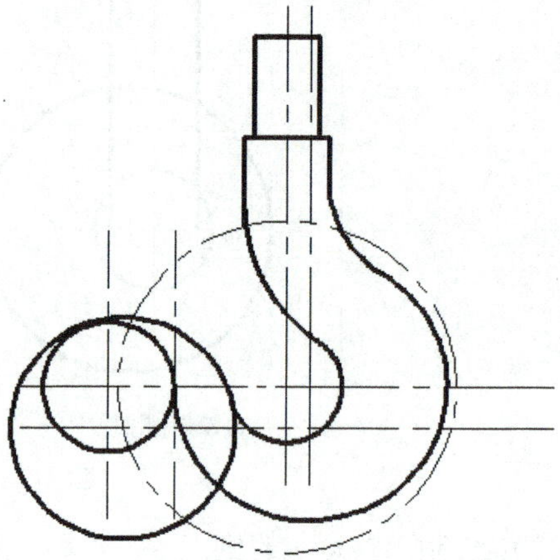

b) 修剪完成

图 6-26　绘制钩柄部分过渡圆弧 R36mm 和 R24mm

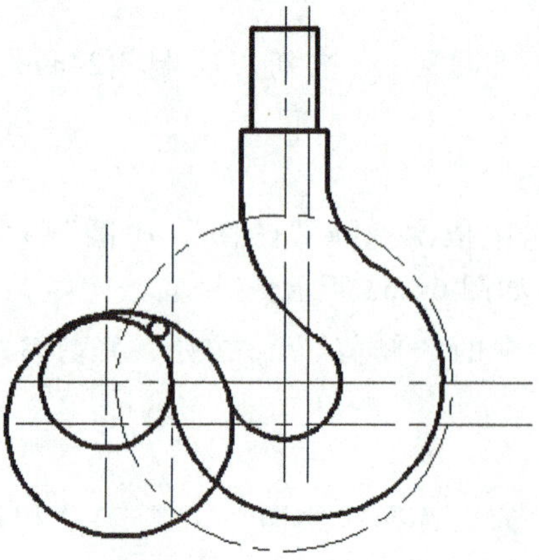

a) 绘制钩尖部分R2mm的圆

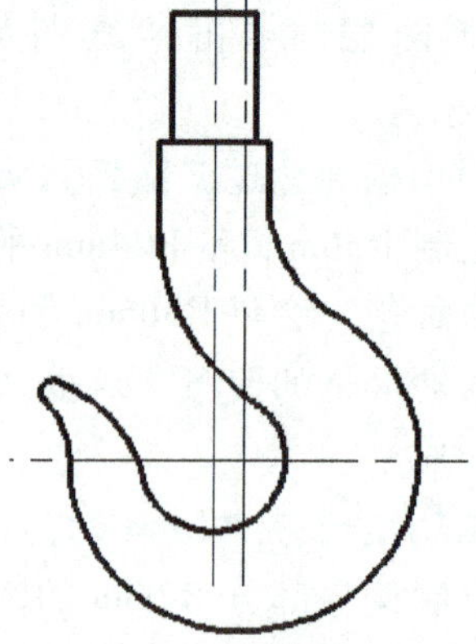

b) 修剪完成

图 6-27　绘制钩尖部分 R2mm 的圆

9. 调整中心线的长度

1）单击“修改”工具栏中的“打断” 按钮，调整 R29mm 圆弧的竖直中心线的长度。

2）调整水平中心线的长度，如图 6-28 所示。

3）完成吊钩平面图绘制，然后保存。

10. 布尔运算

（1）创建面域

1）单击“绘图”工具栏中“面域” 按钮。

2）从左向右框选吊钩，右击确定，即可完成创建。

3）钩柄部分因为不能构成封闭的环，系统提示已创建 1 个面域，为了完成创建，可把环补齐，再创建面域。

（2）并集运算

1）在菜单栏中依次选择“修改”→“实体编辑”→“并集”命令。

2）从左向右框选吊钩，右击确定，如图 6-29 所示。

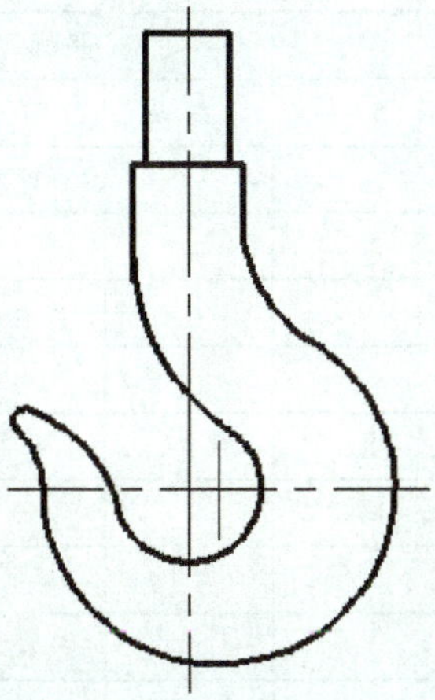

图 6-28 绘制完成的吊钩平面图

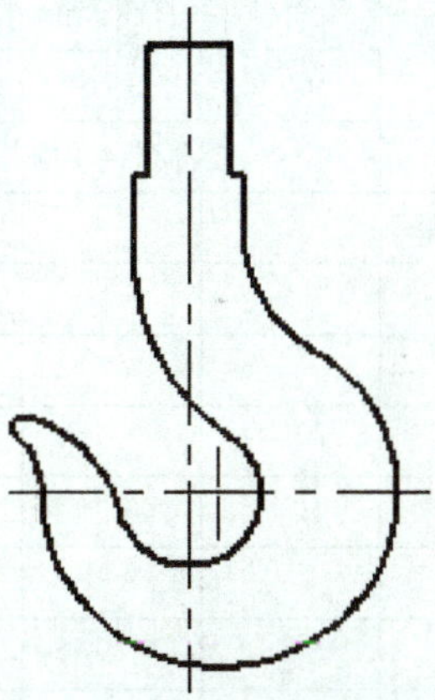

图 6-29 布尔运算

小提示：

在进行布尔运算时，需先创建面域，面域之间才能进行“并集”“交集”“差集”操作。

任务拓展

1. 绘制图 6-30 所示的图形，并对阴影部分进行布尔运算。
2. 绘制图 6-31 所示的图形，并求剖面线区域的面积（　　）。

A. 2210. 2884　　C. 2210. 2578

B. 2210. 2487　　D. 2210. 2874

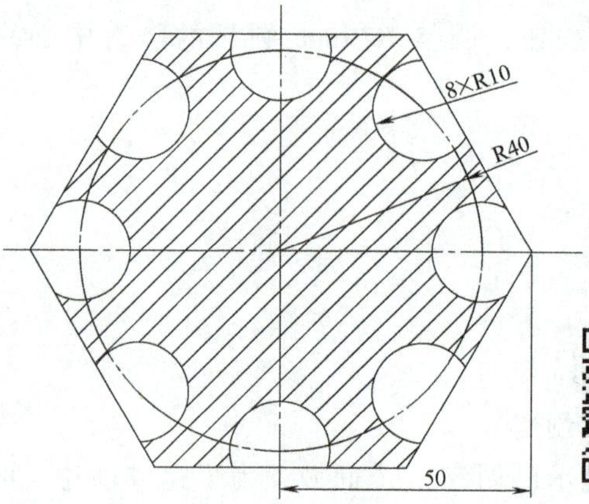

图 6-30　任务拓展图（一）

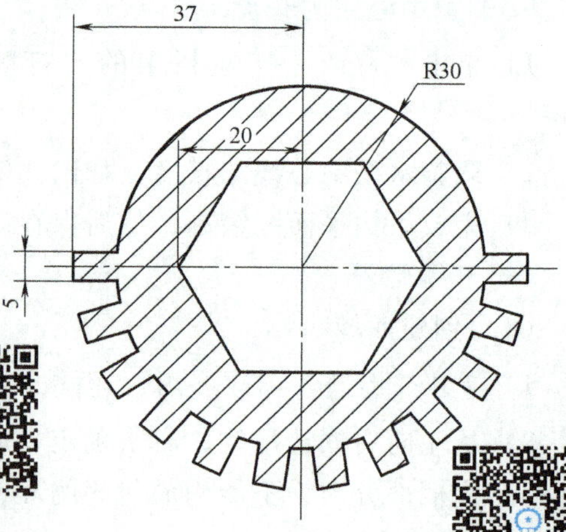

图 6-31　任务拓展图（二）

任务评价

表 6-3　任务二综合评价表

项目	自我评价			小组评价			教师评价		
	10～9	8～6	5～1	10～9	8～6	5～1	10～9	8～6	5～1
	占总评 10%			占总评 30%			占总评 60%		
分析绘图步骤									
绘制吊钩									
任务拓展 1									
任务拓展 2									
安全文明									
时间观念									
学习主动性									
工作态度									
语言表达能力									
团队合作精神									
小计									
总评									

任务三　绘制棘轮

学习目标

1）通过案例介绍与练习，能熟练使用“阵列”“多段线”“对象捕捉”等功能。

2）能用数据查询的有关知识，解决不规则形状面积查询的问题。

3）能够根据步骤提示，独立自主完成绘制棘轮图形。

4）小组合作，查阅棘轮在机械中的应用，形成团队合作精神。

建议学时

4 学时

任务描述

通过绘制图 6-32 所示棘轮，学习多段线和键槽的绘制方法，以及数据查询功能的使用。

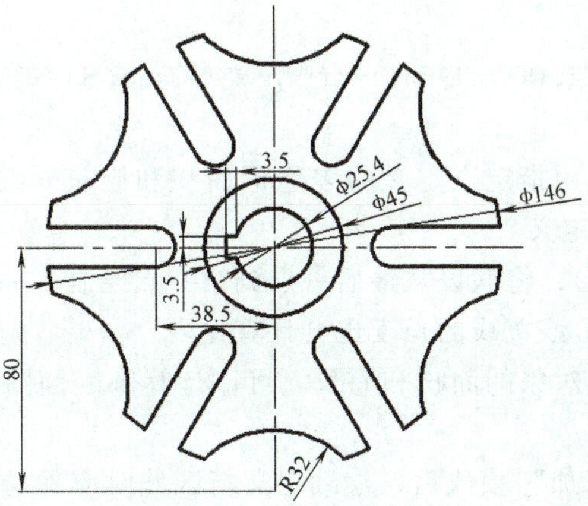

图 6-32　棘轮

知识链接

用 AutoCAD 绘制的每一个图形都有自己的特征，例如，直线长度、端点坐标，圆有圆心、半径等，此外还有图层、颜色、线型等。这些特征统称为数据信息，利用系统提供的查询系统可以方便得到这些数据信息。

1. 距离查询

距离查询可用来查询两个点之间的距离以及相关数据。

（1）命令执行方式

1）菜单栏：在菜单栏中依次选择 “工具”→“查询”→“距离” 命令。

2）工具栏：单击 “测量”→“距离” 按钮。

3）命令行：输入 “DIST”。

（2）操作步骤　执行查询距离命令，系统提示：

命令：_MEASUREGEOM

移动光标或[距离(D)/半径(R)/角度(A)/面积(AR)/体积(V)/快速(Q)/模式(M)退出(X)] <退出>:D　　//在命令行输入“D”

指定第一点：　　//选择线段的一个端点

指定第二个点或[多个点(M)]：　　//选择第二个端点

2. 面积查询

面积查询用来计算以若干点为角点构成的多边形区域或指定对象所围成区域的面积与周

长，还可以进行面积的加减运算。

(1) 命令执行方式

1) 菜单栏：在菜单栏中依次选择“工具”→“查询”→“面积”命令。

2) 工具栏：单击“测量”→“面积”按钮。

3) 命令行：输入“AREA”。

(2) 操作步骤　执行查询面积命令，系统提示：

命令：_MEASUREGEOM

移动光标或[距离(D)/半径(R)/角度(A)/面积(AR)/体积(V)/快速(Q)/模式(M)退出(X)]<退出>：AR　　//在命令行输入“AR”

指定第一个角点或[对象(O)/增加面积(A)/减少面积(S)/退出(X)]<对象(O)>：

(3) 选项说明

1) 第一个角点：计算由指定点定义的多边形面积和周长。继续指定点以定义多边形，然后按<Enter>键完成周长定义。

如果不闭合这个多边形，将假设从最后一点到第一点绘制了一条直线，然后计算所谓区域中的面积。计算周长时，该直线的长度也会计算在内。

2) 对象：计算所选定对象的面积和周长。可以计算圆、椭圆、样条曲线、多段线、多边形、面域和实体的面积。

3) 增加面积：打开“加”模式后，继续定义新区域时应保持总面积平衡。“加”选项计算各个定义区域和对象的面积、周长，也计算所有定义区域和对象的总面积。可以使用“减”选项从总面积中减去指定面积。

4) 减少面积：打开“减”模式后，减去指定区域时应保持总面积平衡。

3. 查询点的坐标

(1) 命令执行方式

1) 菜单栏：在菜单栏中选择“工具”→“查询”→“点坐标”命令。

2) 命令行：输入“ID”。

(2) 操作步骤　在系统提示下指定点即可得出点的坐标。

4. 列表显示

以列表形式显示指定对象的数据库信息。

(1) 命令执行方式

1) 菜单栏：在菜单栏依次选择“工具”→“查询”→“列表”命令。

2) 命令行：输入“LIST”。

(2) 操作步骤　使用对象选择方式选择对象即可。查询中还有其他的命令，如“面域/质量特性”“时间”“状态”“设置变量”等命令，同学们可以自行学习。

任务实施

1. 创建新图形

选择“文件”→“新建”命令，在弹出的“选择样板”对话框中选用“acadiso.dwt”样板，单击“打开”按钮创建新的图形。

2. 设置图层

操作过程和任务一相同，略。

3. 绘制轮廓

（1）绘制中心线 设置“中心线”层为当前层，绘制长度均为160mm的水平、竖直中心线。

（2）绘制定位圈

1）选择“粗实线”为当前层。

2）在工具栏中依次选择“绘图”→“圆”→“圆心、半径”命令。

3）以中心线交点为圆心，绘制R73mm、ϕ25.4mm、ϕ45mm的三个定位同心圆，如图6-33所示。

（3）绘制棘轮槽

1）设置“对象捕捉”为“象限点”和“交点”。

2）单击绘图工具栏中的“圆”按钮，输入圆的半径值为6.5mm。

3）单击“移动”按钮，向左移动距离38.5mm，结果如图6-34所示。

4）单击绘图工具栏中的“直线”按钮，捕捉到R6.5mm的圆的象限点，到大圆的边缘，另一条线方法相同，如图6-34所示。

（4）绘制棘轮圆弧

1）单击绘图工具栏中的“圆”按钮，输入圆的半径值为32mm。

2）单击“移动”按钮，向下移动距离92mm，结果如图6-34所示。

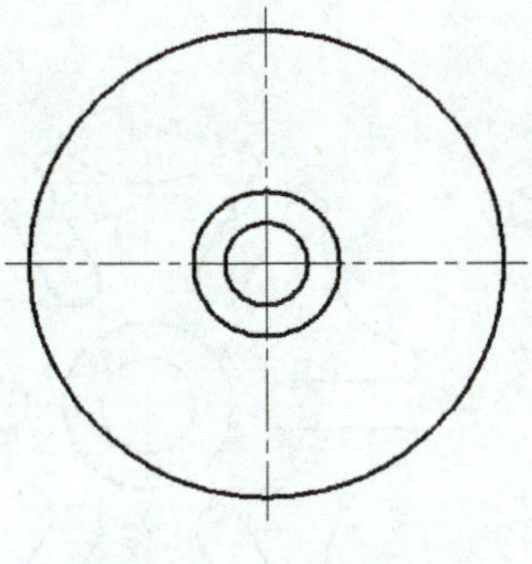

图6-33 定位圈的绘制

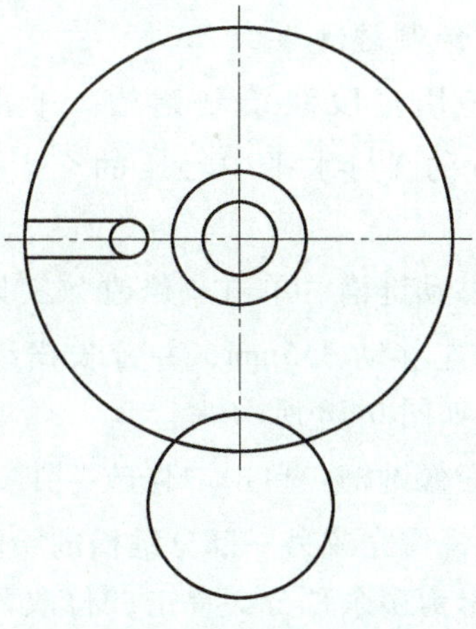

图6-34 绘制棘轮槽和圆弧

（5）阵列棘轮圆弧与槽

1）在“修改”工具栏中选择“阵列”→“环形阵列”命令。

2）在系统提示下，选择棘轮槽和圆弧，右击返回“阵列创建”对话框。

3）单击“拾取中心点”按钮，选择中心线交点，完成后返回“阵列创建”对话框。

4）在对话框的“项目数”文本框中输入“6”，单击“选择对象”按钮。

5）单击“关闭阵列”按钮，完成操作如图 6-35 所示。

（6）修剪棘轮槽和圆弧

1）单击“修改”工具栏中的“分解”按钮，选中阵列的圆弧进行分解。

2）单击“修改”工具栏中的“修剪”按钮，删除多余的线条。完成修剪后，结果如图 6-36 所示。

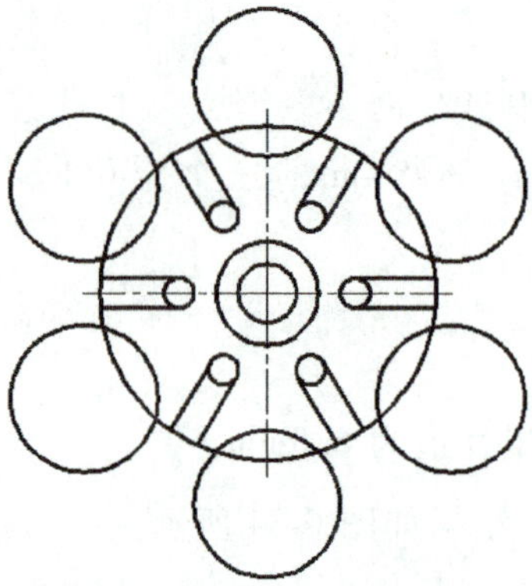

图 6-35 完成阵列的棘轮槽和圆弧

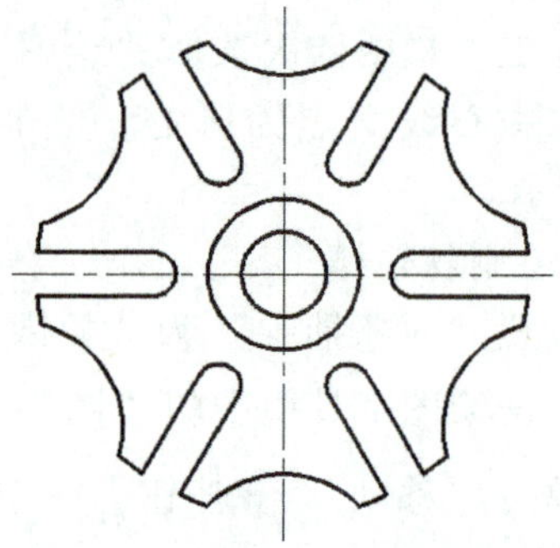

图 6-36 完成修剪后棘轮槽

小提示：

使用窗口选择全部对象时，对象相互为修剪边界，按<Enter>键后直接选择要修剪的对象，这样可以提高修剪的速度。关闭中心线图层可以避免对修剪操作造成影响。

（7）绘制键槽

1）应用多段线绘制键槽。单击“绘图”工具栏中的“多段线”按钮，选择 ϕ25.4mm 的圆与水平中心线的交点，向上输入值为 3.5，向右输入值为 3.5，如图 6-37 所示。

2）移动键槽。单击“修改”工具栏中的“移动”按钮，向左移动 3.5mm，并延长横线使它与 ϕ25.4mm 的圆相接，如图 6-38 所示。

3）镜像键槽。单击“修改”工具栏中“镜像”按钮，通过镜像完成另一部分键槽的绘制。

4）修剪多余部分。单击“修改”工具栏中的“修剪”按钮，删除多余的线段，结果如图 6-39 所示。

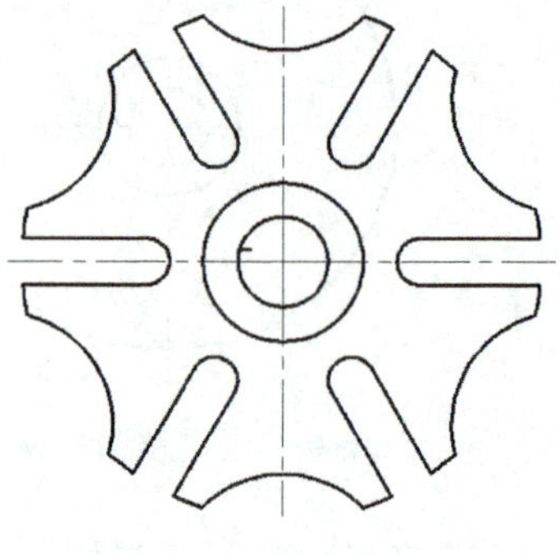

图 6-37 绘制键槽上半部分

4. 查询面积

（1）创建面域

1）单击“绘图”工具栏中“面域”按钮。

2）从左向右框选棘轮，右击确定，系统提示已提取 3 个环、已创建 3 个面域，说明创建成功。

（2）查询面积 在菜单栏中依次选择“工具”→“查询”→“面积”命令，系统提示：

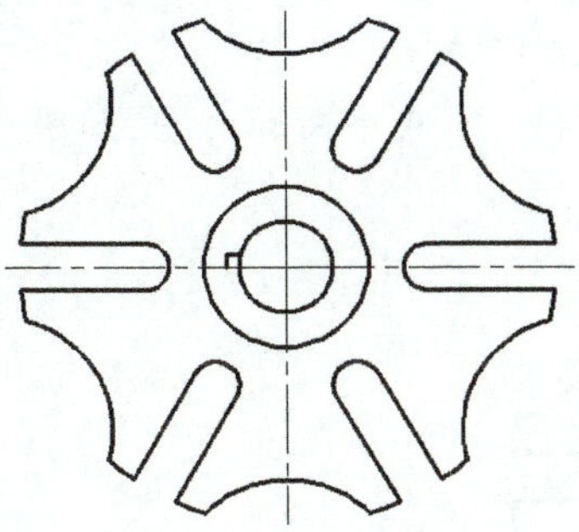

图 6-38　移动键槽

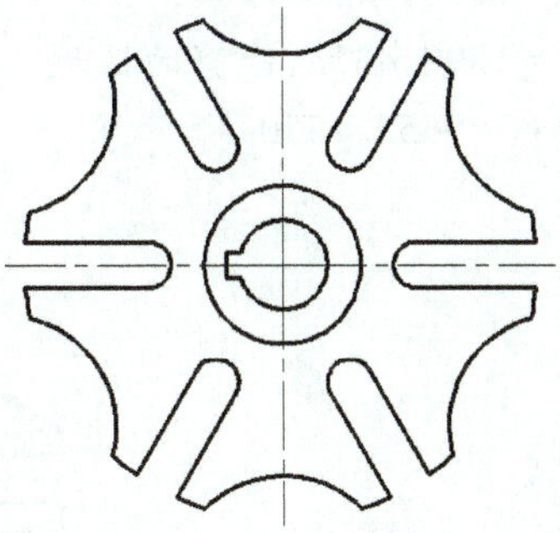

图 6-39　绘制完成

命令:_MEASUREGEOM
输入一个选项[距离(D)/半径(R)/角度(A)/面积(AR)/体积(V)] <距离>:AR
指定第一个角点或[对象(O)/增加面积(A)/减少面积(S)/退出(X)] <对象(O)>:O
//输入选取方式"O"
选择对象:　//选取棘轮的外轮廓线
区域=11243.5863,修剪的区域=0.0000 ,周长=939.2332
//显示面积、周长,如图 6-40 所示。

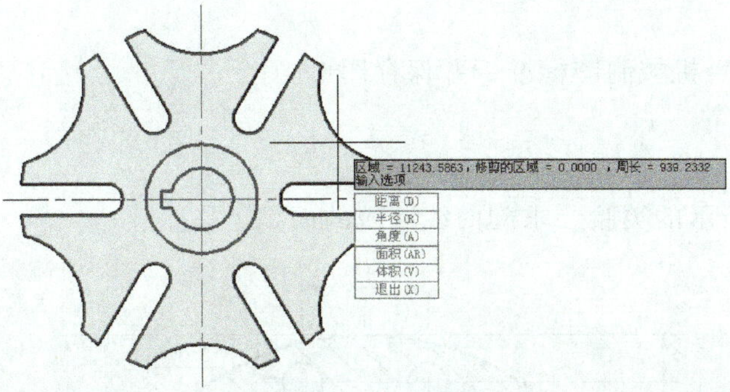

图 6-40　查询面积

(3) 求面积之差　在菜单栏中依次选择"工具"→"查询"→"面积"命令，系统提示:
命令:_MEASUREGEOM
输入一个选项[距离(D)/半径(R)/角度(A)/面积(AR)/体积(V)] <距离>:AR
指定第一个角点或[对象(O)/增加面积(A)/减少面积(S)/退出(X)] <对象(O)>:A
//选择"加"模式
指定第一个角点或[对象(O)/减少面积(S)/退出(X)]:O
("加"模式) 选择对象:　//求出棘轮轮廓的面积
区域=11243.5863,修剪的区域=0.0000 ,周长=939.2332
总面积=11243.5863
("加"模式) 选择对象:　//按<Enter>键确认
指定第一个角点或[对象(O)/减少面积(S)/退出(X)]:S　//选择"减"模式
指定第一个角点或[对象(O)/增加面积(A)/退出(X)]:O

("减"模式)选择对象：　　　　　　　　　　　　　　//求出直径为45mm的圆的面积

区域=1590.4313,修剪的区域=0.0000 ,周长=141.3717

总面积=9653.1550　　　　　　　　　　　　　　　　//两个面积之差,如图6-41所示

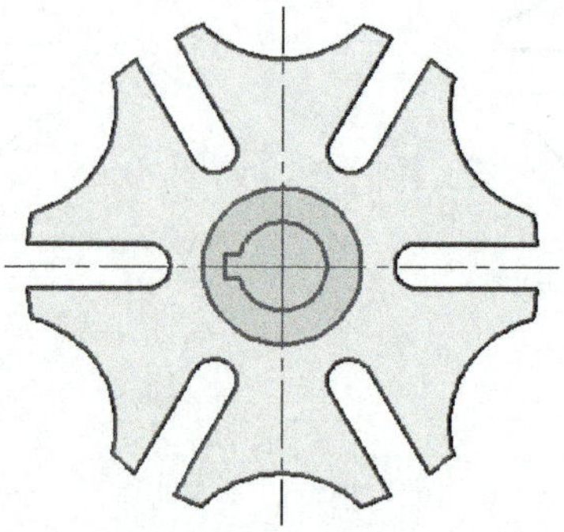

图 6-41　两面积之差

小提示:

计算两个面积之差时，必须先选择“加”模式，计算出被减对象的面积；再选择“减”模式，选取对象后得到相减后的面积差。

5. 整理保存

整理图形使其符合机械制图标准，并保存图形。

任务拓展

1. 绘制图6-42所示的笑脸，求剖面线区域的面积。

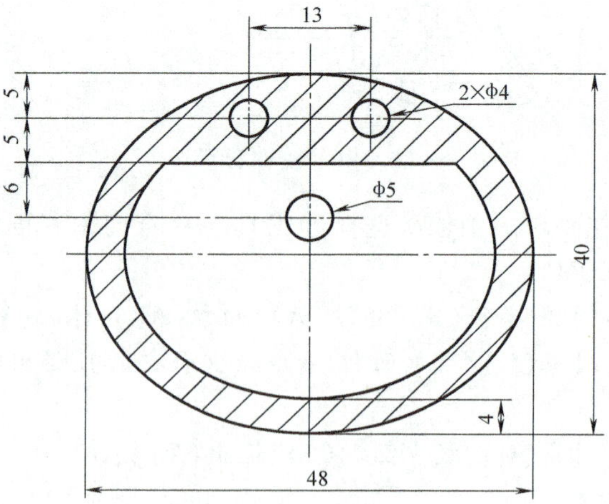

图 6-42　笑脸

2. 绘制图6-43所示的槽轮，求剖面线区域的面积为（　　）。

A. 1488.3266　　　　C. 1488.3066

B. 1488.3606　　　　D. 1488.3166

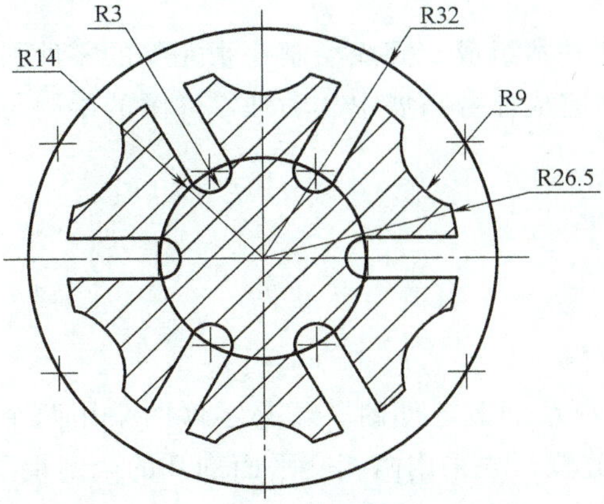

图 6-43　槽轮

任务评价

表 6-4　任务三综合评价表

项目	自我评价			小组评价			教师评价		
	10~9	8~6	5~1	10~9	8~6	5~1	10~9	8~6	5~1
	占总评 10%			占总评 30%			占总评 60%		
面域掌握程度									
绘制棘轮									
任务拓展 1									
任务拓展 2									
安全文明									
时间观念									
学习主动性									
工作态度									
语言表达能力									
团队合作精神									
小计									
总评									

任务四　绘制端盖零件图

学习目标

1）能够完成一个基本零件图的绘制，分析一张零件图中的基本组成，并建立起快速、准确地绘图习惯与意识。

2）能够运用标注工具栏对零件图中的尺寸公差、几何公差、表面粗糙度进行正确的标注，要求符合国家标准。

3）分析一张零件图的基本组成，完成绘制一张完整的零件图。

4）能够运用所学知识完成任务拓展中从动轴零件图的绘制与标注。

建议学时

4 学时

任务描述

本任务是绘制图 6-44 所示端盖零件图。端盖零件图采用两个基本视图表达，主视图按加工位置选择，轴线水平放置，并采用两相交平面剖开的全剖视图，以表现端盖上孔及方槽的内部结构；左视图则表达端盖的基本外形和 4 个圆孔、两个方槽的分布情况。绘制图形时，先绘制出图框和标题栏，再绘制主视图和左视图，最后标注尺寸、几何公差、表面粗糙度和技术要求等内容。

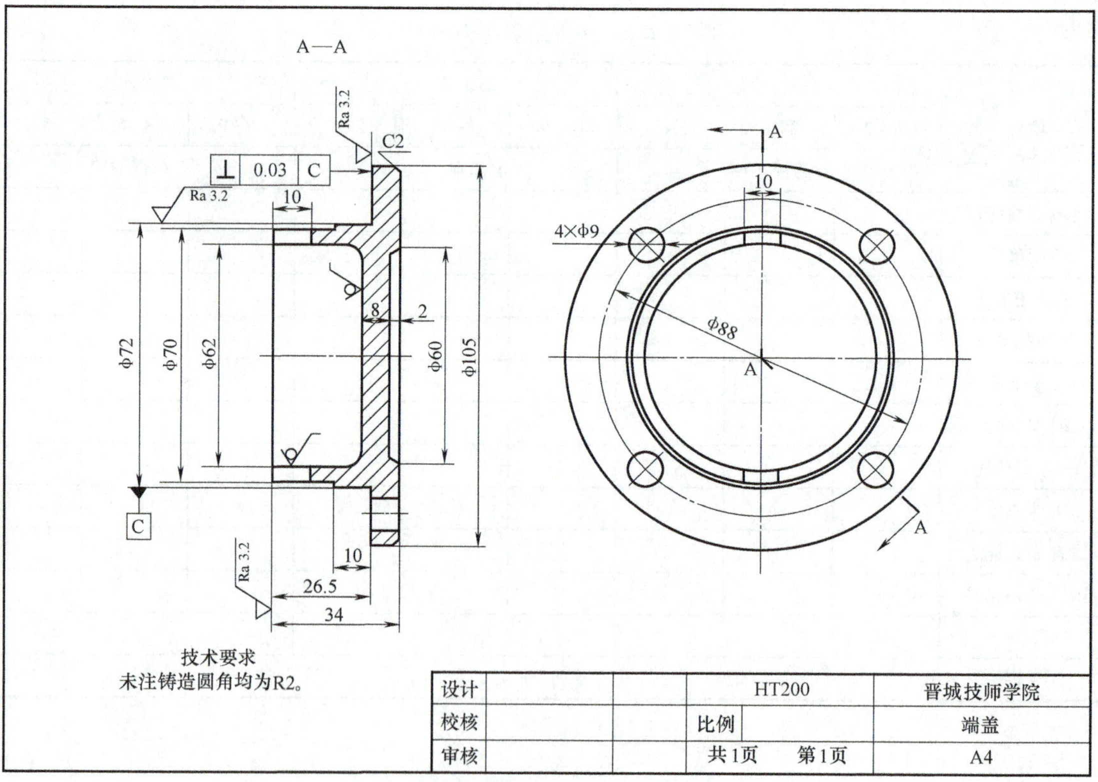

设计			HT200	晋城技师学院
校核			比例	端盖
审核			共1页　第1页	A4

图 6-44　端盖零件图

任务实施

1. 绘制图框和标题栏

启动 AutoCAD，打开图形样板，并绘制图框和标题栏。

（1）绘制图框　绘制的图框尺寸为 297mm×210mm。

（2）绘制标题栏　按照图 6-45 所示的尺寸，绘制图纸的标题栏，并添加好文字，自行填写其中的信息。

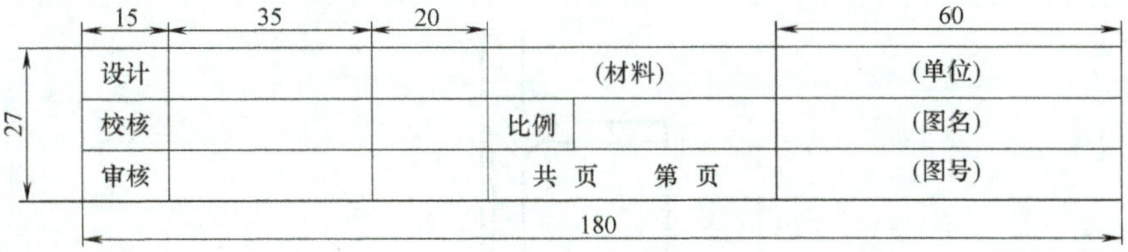

图 6-45　绘制标题栏

（3）分解表格，加粗边框　选择“修改”工具栏中的“分解”命令对表格进行分解，将图纸的边框变为粗实线，绘制完成的图框和标题栏如图 6-46 所示。

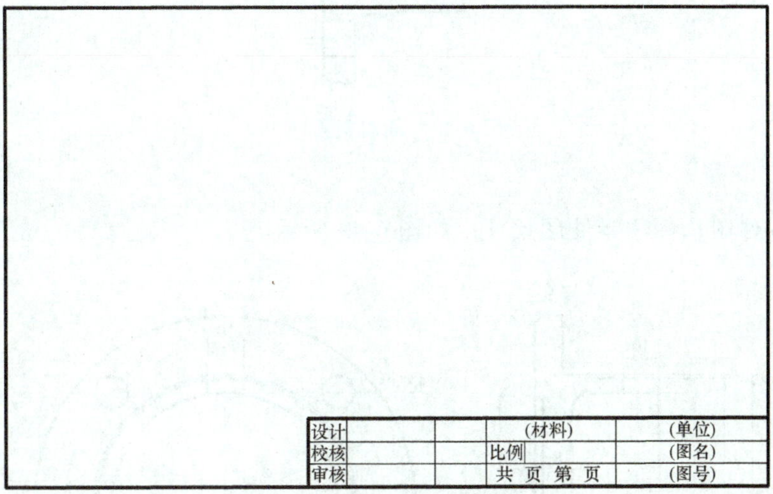

图 6-46　绘制图框和标题栏

（4）保存　设置完成后，保存图形样板。

2. 绘制中心线及零件轮廓线

根据端盖零件尺寸，绘制中心线及零件轮廓线，如图 6-47 所示。

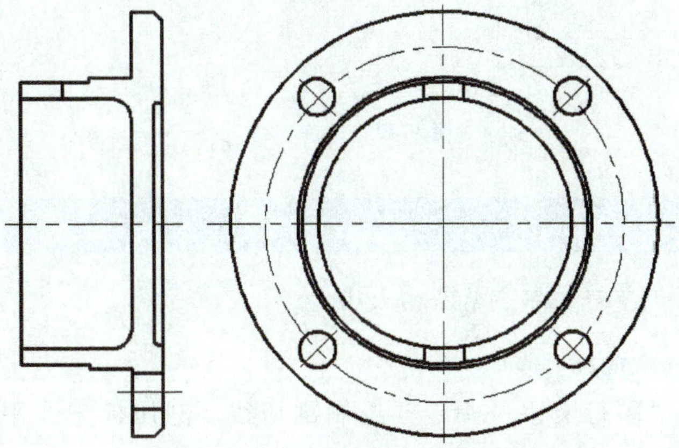

图 6-47　绘制中心线及轮廓线

3. 绘制剖面线

单击“绘图”工具栏中的“图案填充”  按钮，绘制剖面线，如图 6-48 所示。

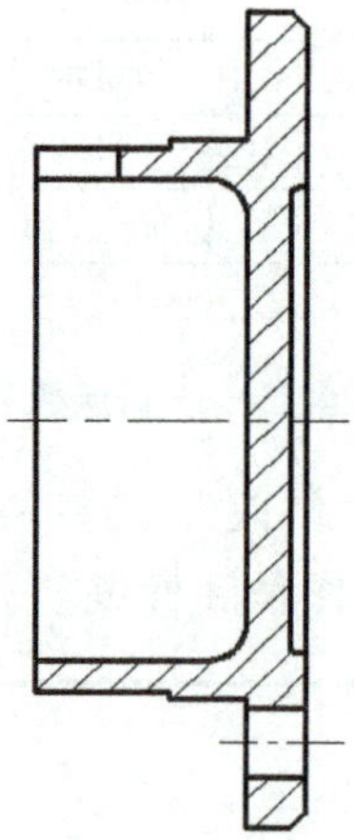

图 6-48　绘制剖面线

4. 标注尺寸

根据端盖零件图，标注零件图尺寸，如图 6-49 所示。

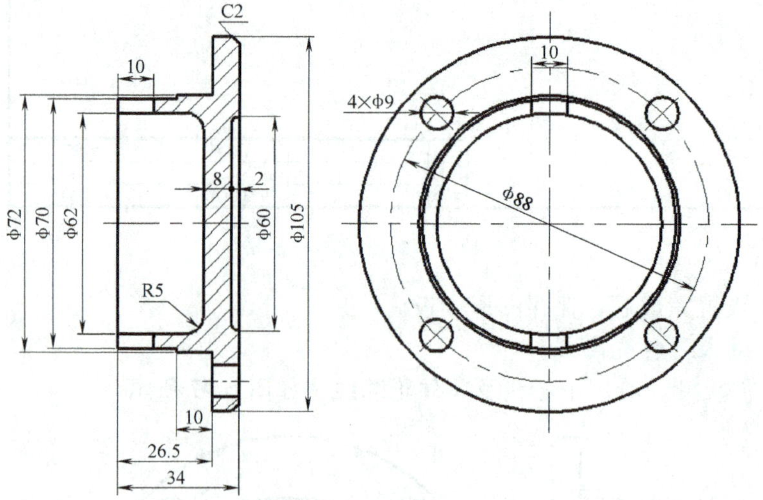

图 6-49　标注尺寸

小提示：

在标注尺寸时，调节好文字、箭头的大小。

5. 绘制剖切线、剖切标记及平面符号

选择“直线”和“多行文字”命令，绘制剖切线、剖切标记及平面符号，如图 6-50 所示。

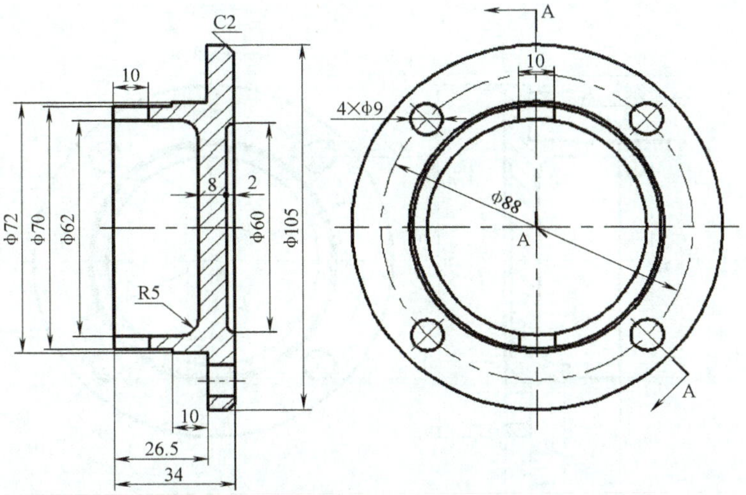

图 6-50　绘制剖切线、剖切标记及平面符号

小提示：

剖切方向箭头可通过分解尺寸标注箭头得到。

6. 标注几何公差

1）在菜单栏中选择“标注”→“公差”命令，打开“形位公差”㊀对话框，可以设置公差的符号、值及基准等参数。

2）单击“形位公差”对话框符号下面的“ ”，打开“特征符号”对话框，选择“⊥”，再在公差 1 栏中输入“0.03”。

3）在基准 1 栏中输入大写字母“C”。单击“确定”按钮，进入绘图界面。

4）把形位公差放置在图 6-51 所示的位置。

5）调整好形位公差框格的大小使其适合图形的大小，并绘制引线（快捷键<LE>），如图 6-51 所示。

7. 绘制表面粗糙度和基准

利用“创建”和“插入块”命令，绘制表面粗糙度和基准，如图 6-52 所示。

8. 编写技术要求和填写标题栏

单击“绘图”工具栏中的“多行文字” A 按钮，编写技术要求，在标题栏中填写相应的信息，结果如图 6-44 所示。

9. 整理图形

调整主视图、左视图在图纸中的位置，符合机械制图标准，完成后保存图形。

㊀ 按 GB/T 1182—2018《产品几何技术规范（GPS）几何公差　形状、方向、位置和跳动公差标注》，“形位公差”应改为“几何公差”，但在 AutoCAD 2023 软件中仍采用“形位公差”。

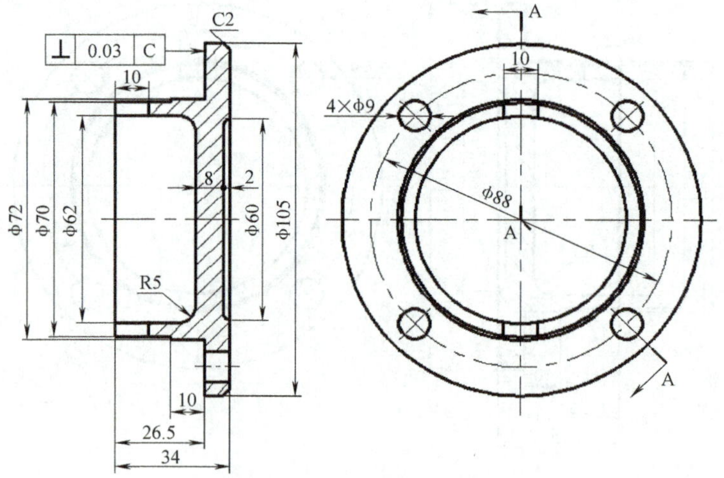

图 6-51　标注几何公差

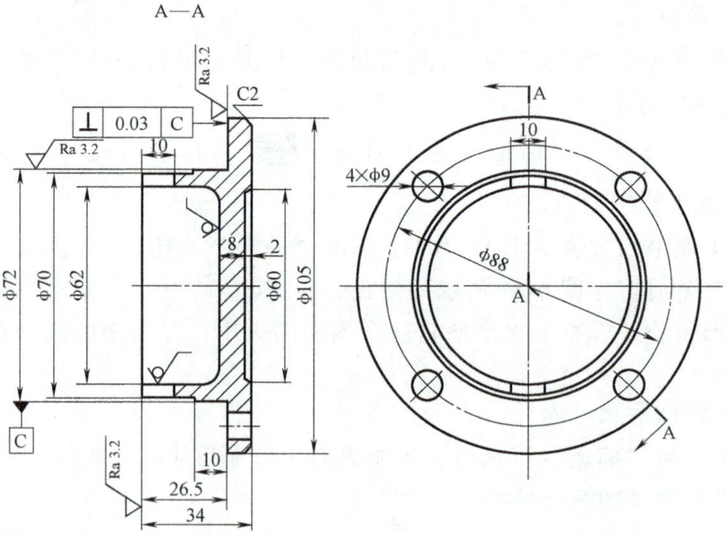

图 6-52　绘制表面粗糙度和基准

任务拓展

1. 绘制图 6-53 所示的轴套零件图。
2. 绘制图 6-54 所示的从动轴零件图。

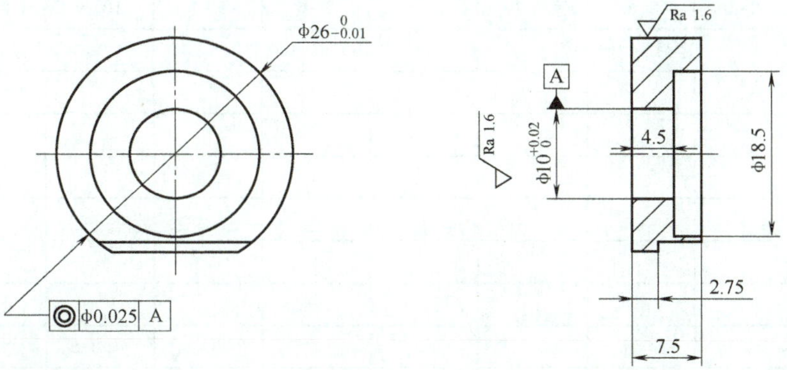

技术要求

1. 未注倒角C0.5。
2. 调质处理。
3. 未注尺寸公差按GB/T 1804—m。
4. 未注几何公差按GB/T 1184—K。

设计		45	晋城技师学院
校核		比例 2:1	轴套
审核		共1页 第1页	A4

图 6-53 轴套零件图

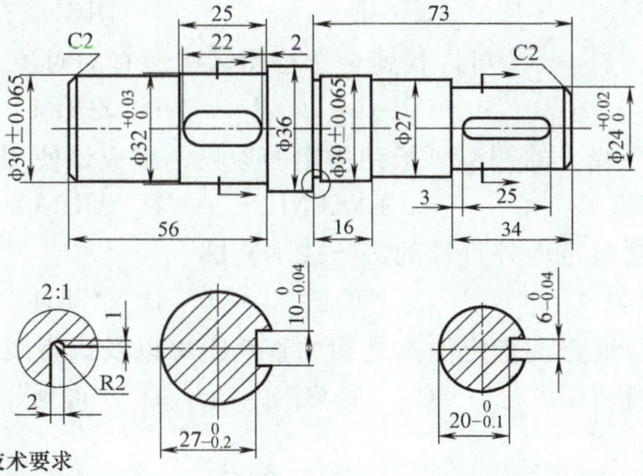

技术要求

未铸造圆角均为R2。

设计		45	晋城技师学院
校核		比例 1:1	从动轴
审核		共1页 第1页	A4

图 6-54 从动轴零件图

任务评价

表 6-5　任务四综合评价表

项目	自我评价			小组评价			教师评价		
	10~9	8~6	5~1	10~9	8~6	5~1	10~9	8~6	5~1
	占总评 10%			占总评 30%			占总评 60%		
绘制端盖零件图									
图形正确、完整									
任务拓展 1									
任务拓展 2									
安全文明									
时间观念									
学习主动性									
工作态度									
语言表达能力									
团队合作精神									
小计									
总评									

试题集萃

一、选择题

1. (　　) 是由封闭图形所形成的二维实心区域，它不但含有边的信息，还含有边界内的信息，用户可以对其进行各种布尔运算。

A. 块　　B. 多段线　　C. 面域　　D. 图案填充

2. 下列目标选择方式中，(　　) 可以快速全选绘图区中所有的对象。

A. BOX　　B. ESC　　C. ALL　　D. ZOOM

3. 如果想把直线、弧和多线段的端点延长到指定的边界，则应该使用 (　　) 命令。

A. FILLET　　B. PEDIT　　C. EXTEND　　D. ARRAY

4. (　　) 命令用于绘制指定内外直径的圆环或填充圆。

A. “圆弧”　　B. “圆”　　C. “椭圆”　　D. “圆环”

5. (　　) 命令可以方便地查询指定两点之间的直线距离以及该直线与 X 轴的夹角。

A. “点坐标”　　B. “面积”　　C. “距离”　　D. “面域”

二、绘图题

1. 将长度和角度精度设置为小数点后三位，绘制图 6-55 所示的图形，计算其阴影面积为 (　　)、周长为 (　　)。

2. 将长度和角度精度设置为小数点后三位，绘制图 6-56 所示的图形，弧 A 中点坐标为 (　　)。

3. 将长度和角度精度设置为小数点后三位，绘制图 6-57 所示的图形，AB 长为 (　　)。

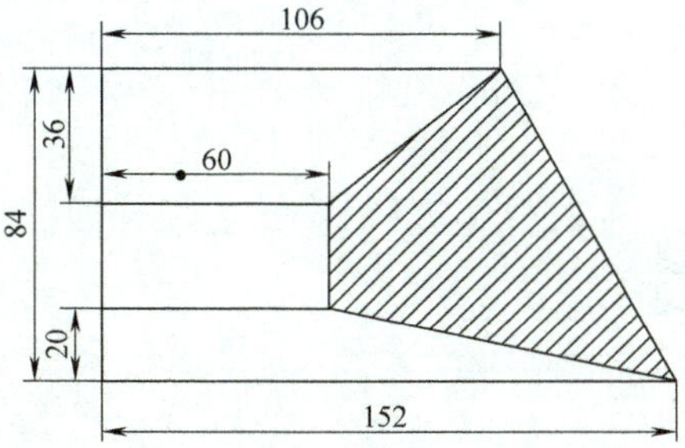

图 6-55　习题图（一）

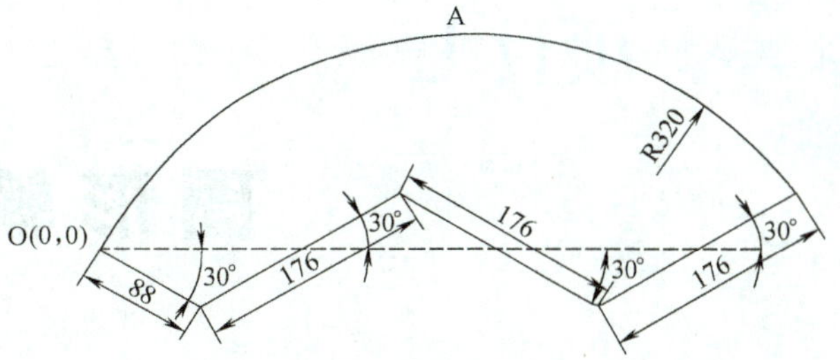

图 6-56　习题图（二）

4. 将长度和角度精度设置为小数点后三位，绘制图 6-58 所示的图形，AC、AD 为平行四边形角 A 的三等分线，求∠CBD 为（　　）。

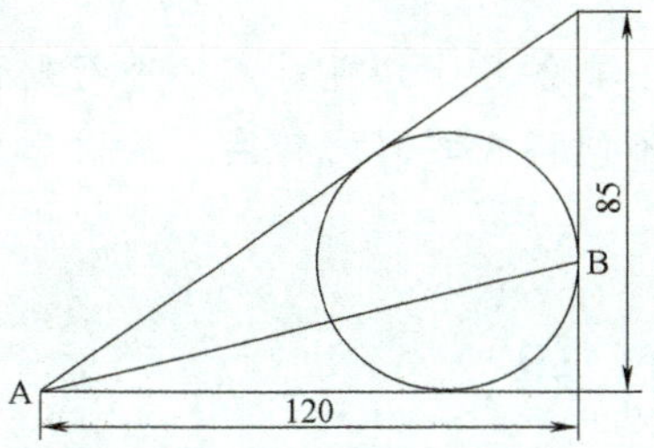

图 6-57　习题图（三）

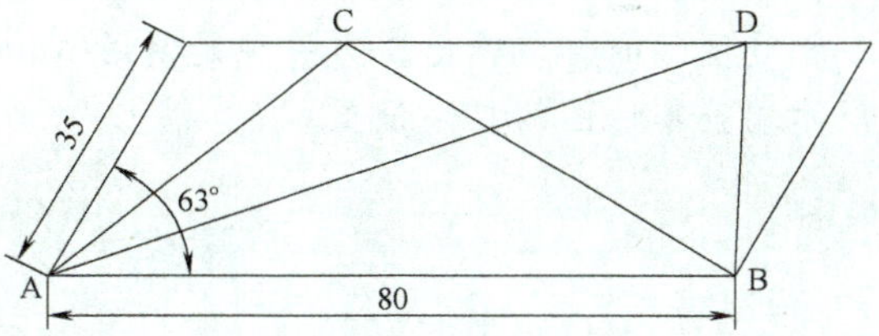

图 6-58　习题图（四）

项目七

图形输出

项目描述

本项目主要是对图形进行最后的处理，通过练习，学会用计算机对图形进行输出处理，一种是图形的打印输出，另一种是使用 AutoCAD 进行不同格式之间的转换，从而完成图 7-1 所示端盖零件图的打印设置。

任务一　图形打印

学习目标

1）能够说明在打印中模型空间、图纸空间的不同。

2）能够熟练操作一般打印图形的过程，对端盖零件图打印过程进行模拟。

建议学时

1.5 学时

任务描述

如何将图 7-1 所示的零件图用打印机在 A4 图纸上打印出来。在模型空间中通常是按照

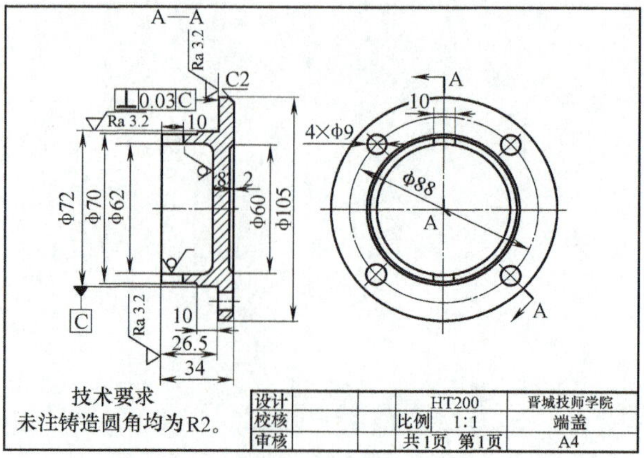

图 7-1　端盖零件图

实际尺寸绘制图形的，不可能按实际尺寸打印，因此必须按指定缩小和放大的比例打印才能打印到图纸上。

知识链接

利用 AutoCAD 建立图形文件后，通常要进行绘图的最后一个环节，即输出图形。要想在一张图纸上得到完整清晰的图形，必须恰当地规划图形的布局，合理安排图纸的规格和尺寸，正确选择打印设备及各种打印参数。AutoCAD 软件的打印和绘图输出功能非常方便，适用于所有 Windows 支持的标准输出设备。

一、命令执行方式

1）菜单栏：选择“文件”→“打印”命令。

2）工具栏：单击“输出”工具栏中的“打印” 按钮。

3）命令行：输入“PLOT”。

4）快捷键：<Ctrl+P>。

执行上述操作方式之一后，系统弹出“打印-模型”对话框，如图 7-2 所示。

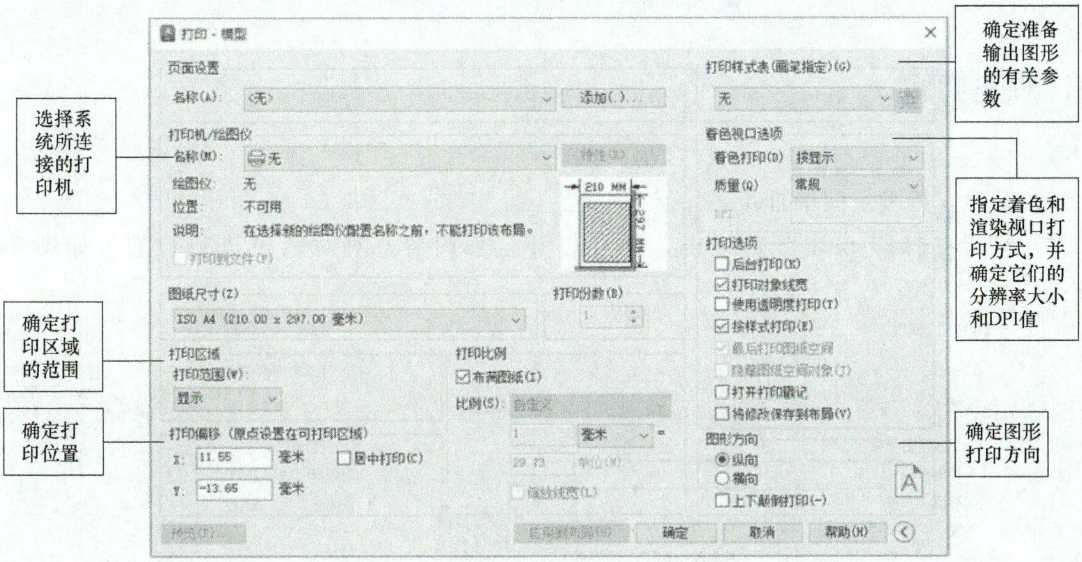

图 7-2 “打印-模型”对话框

二、模型空间与图纸空间

模型空间是绘图设计的工作平台。使用模型空间可完成二维物体的造型，配有必要的尺寸标注和注释。

图纸空间是图形打印前设置的空间，用来出图，可以在这里指定图纸的大小、添加标题栏及显示多个视图等。

图纸空间与模型空间的切换方法：单击状态栏“图纸”与“模型”的转换按钮 模型，即可完成模型空间与图纸空间的切换，如图 7-3 所示。

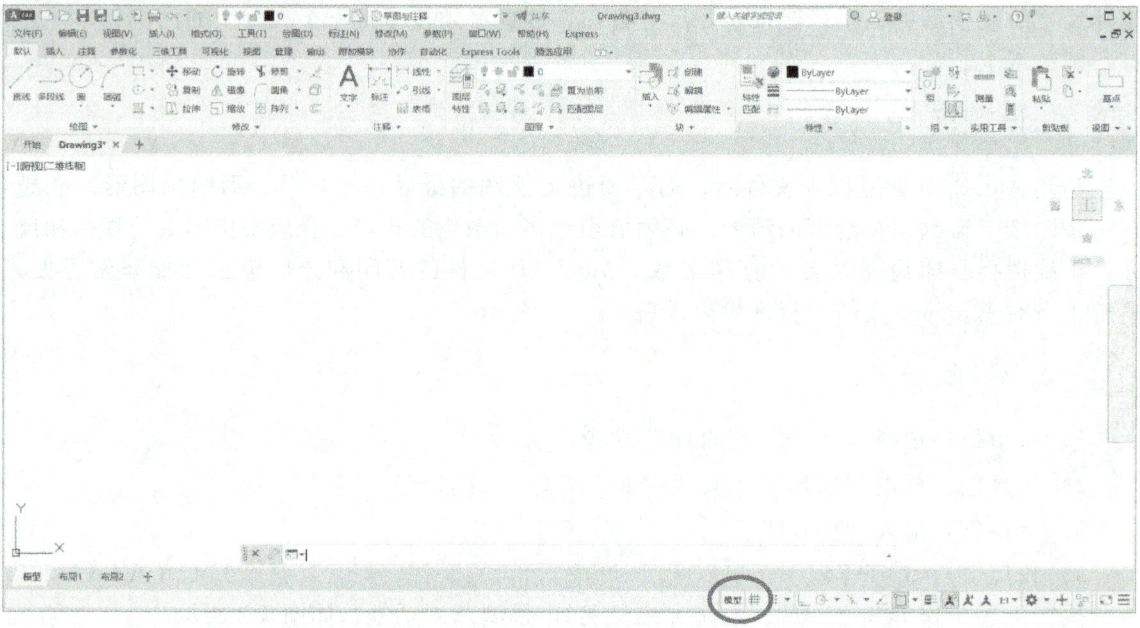

图 7-3　模型空间与图纸空间的切换

任务实施

1. 方式一：在模型空间中打印输出

1）选定在模型空间中打印。

2）打开“打印-模型”对话框，并且打开全部内容，对对话框进行设置，如图 7-4 所示。

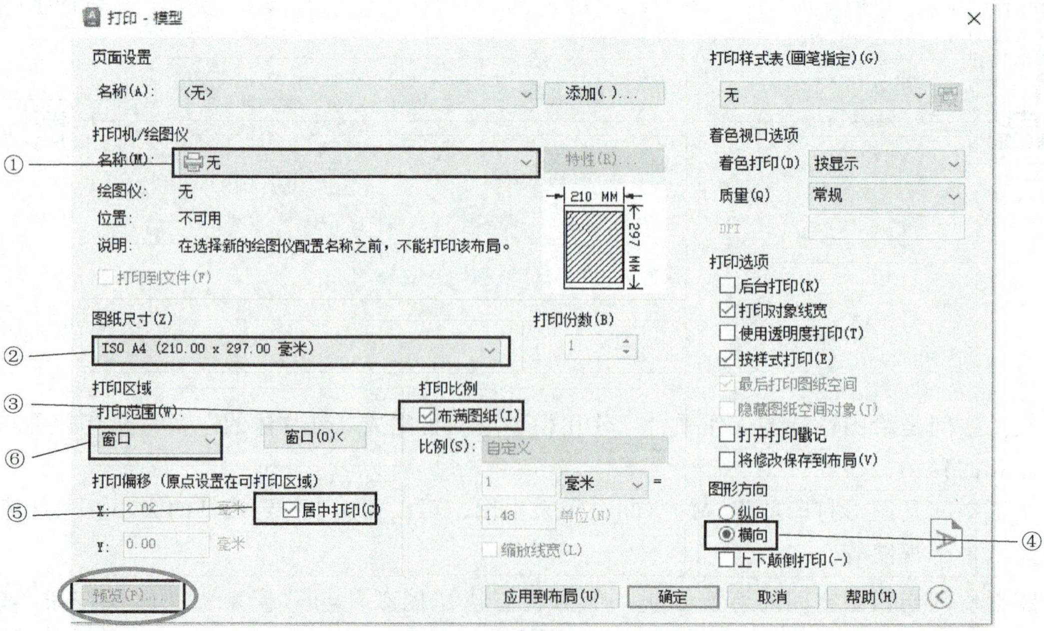

图 7-4　设置“打印-模型”对话框的顺序

① 选择系统所连接的打印机或绘图仪。

② 选择合适的图纸尺寸，在本次打印中选择 A4 图纸即可。

③ 在“打印比例”选项栏中选中“布满图纸”复选按钮。

④ 在“图形方向”选项栏中选中“横向”单选按钮。

⑤ 在“打印偏移”选项栏中选中“居中打印”复选按钮。

⑥ 在“打印范围”选项栏下拉列表中选择“窗口”选项，会自动回到绘图界面，然后选择需要打印图形的范围，如图 7-5 所示。

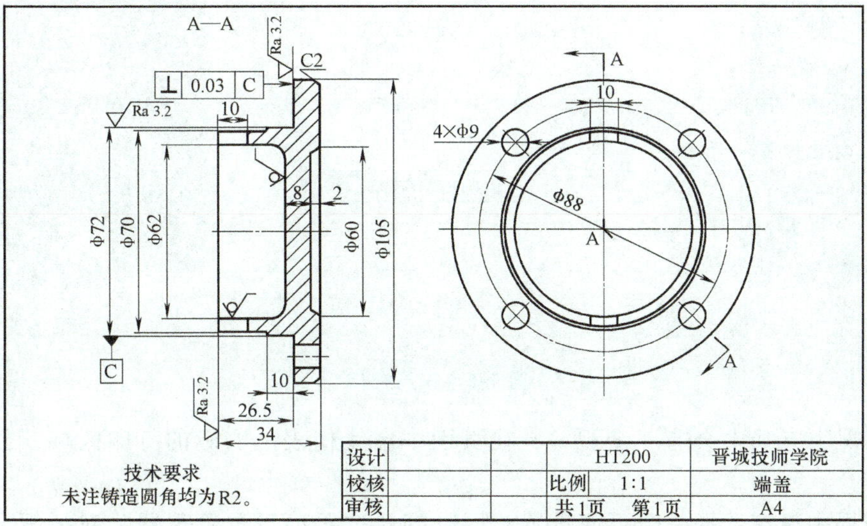

图 7-5　框选图形

3）单击“打印-模型”对话框中的“预览”按钮，可以查看打印效果，若有不满意可再进行调整。

4）单击“确定”按钮进行打印。

小提示：

打印之前要进行“预览”操作。如果发现图纸中图像太小，要适当地调整打印的比例，并且图纸要居中。

在预览后可能出现一些线条不能显示的情况，需要调整线条的图层。

2. 方式二：在图纸空间中打印输出

图纸空间中的打印方法与模型空间中的打印方法基本相同。下面简述在图纸空间中的多视图多比例打印输出。

小提示：

一般情况下，在模型空间绘制图形时使用的是真实尺寸，在进行标注时，会发现尺寸的数字和箭头或大或小，这是由于图形尺寸和标注尺寸相差较大。在图纸空间打印时，可在图纸上创建多个视口，并且各个视口利用不同的比例显示图像。若保证图纸中的尺寸标注相同，应当在布局中测量并标注尺寸。

1）打开图形文件，单击“布局 1”按钮，进入图纸空间，如图 7-6 所示。

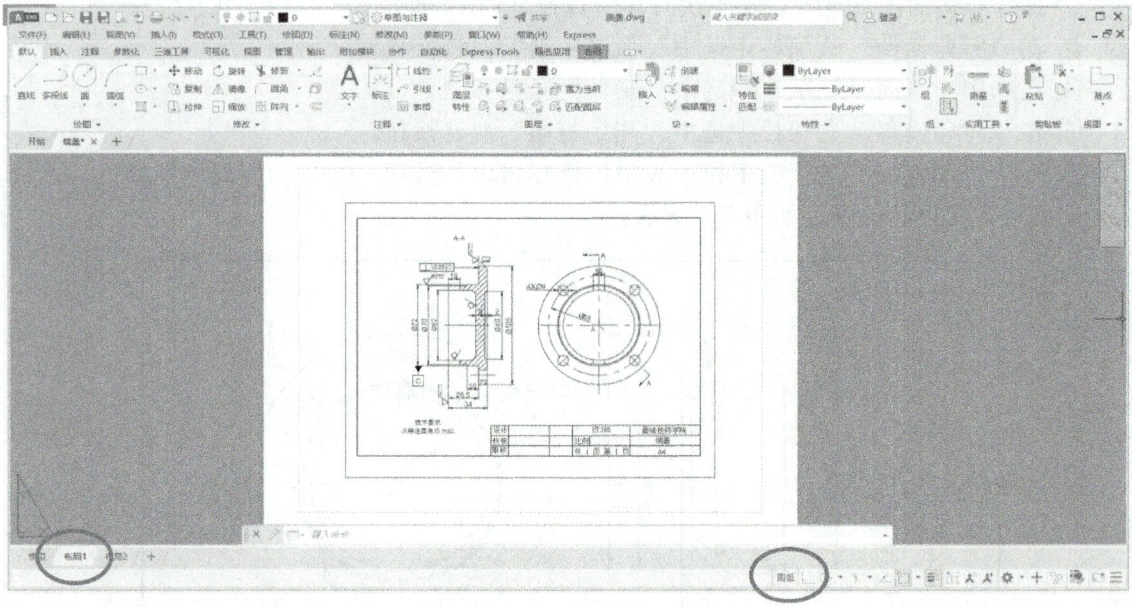

图 7-6　布局视口

默认情况下布局中会有一个视口，在页面中虚线框表示实际的打印区域，也就是图形界限。

如果布局中没有选择一个页面设置，可以打开“页面设置管理器”对话框，根据要求可以选择一个布局页面或新建一个布局页面。

2）单击视口线框，线框显示出夹点，单击下面的夹点，该夹点呈红色显示，向上移动夹点并单击，缩小视口显示，如图 7-7 所示。

3）双击视口内部，视口线变为实线显示，表示激活了该视口，单击“全导航控制盘”按钮缩小图形，视口显示所有图形，如图 7-8 所示。

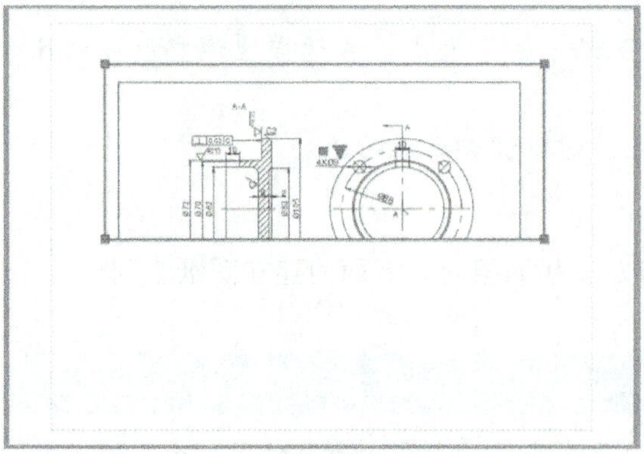

图 7-7　布局视口缩小

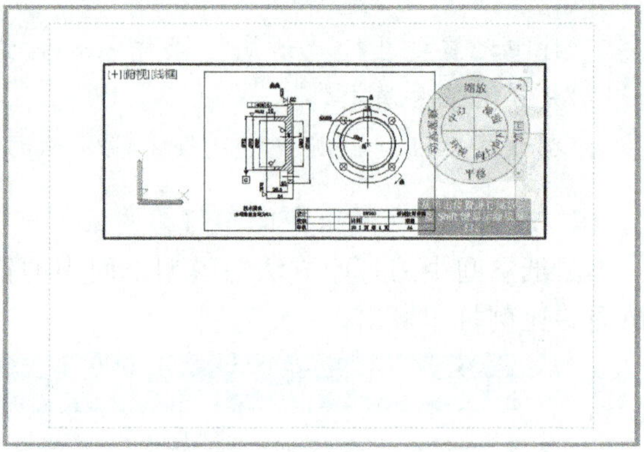

图 7-8　视口内图形缩放

4）在菜单中依次选择“视图”→“视口”→“一个视口”命令，在图纸上单击并拖动拉出一个线框，然后单击，即可创建一个新的视口，如图 7-9 所示。

5）在视口内双击，激活新视口，将其中的一个图形放大在新视口内，如图 7-10 所示。

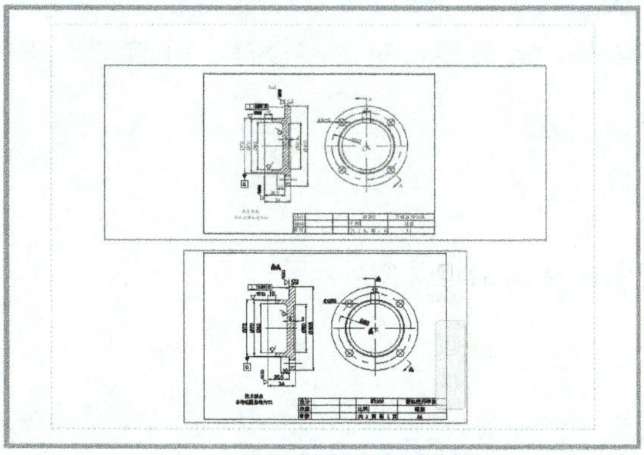

图 7-9　创建视口

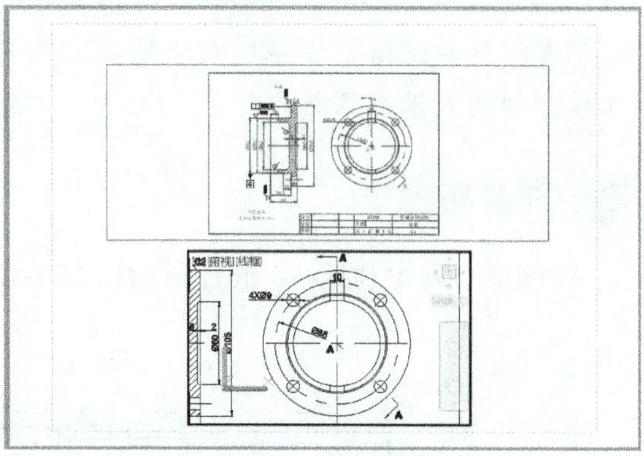

图 7-10　改变视口图形的大小

小提示：

图纸布局上看到的两个视口，由于视图的比例不同，其标注也有所不同。

6）在图纸空间中不仅可以创建并放置视口对象，还可以添加标题栏以及文字等对象。

7）单击“打印”按钮，打开“打印-布局 1”对话框，布局打印框与模型打印框的设置选项基本相同，根据需要设置完成即可使用预览，如图 7-11 所示，满足要求后，即可打印。

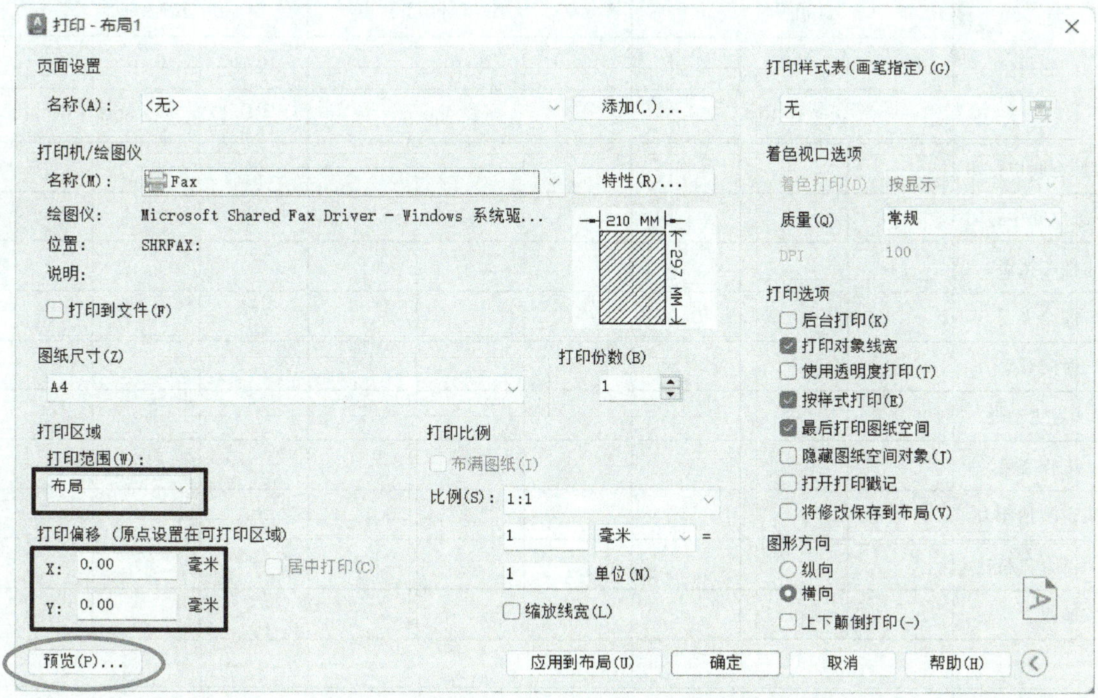

图 7-11　设置“打印-布局 1”对话框

小提示：

在“打印范围”下拉列表中选择“布局”选项，若图形的位置不合适，可用“打印偏移”功能来进行调整。

任务拓展

在模型空间中利用A4纸打印输出图7-12所示的从动轴零件图。

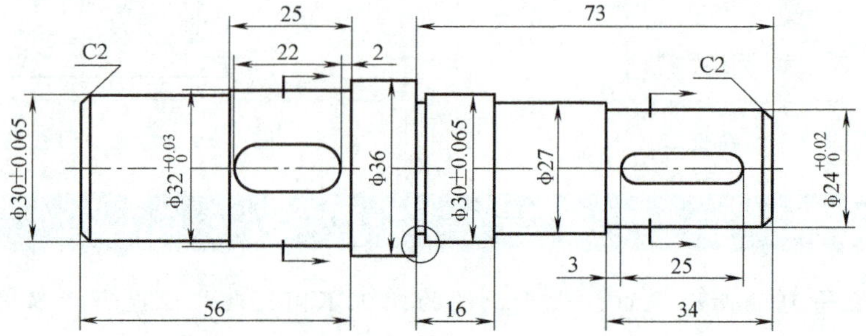

图7-12　从动轴零件图

任务评价

表7-1　任务一综合评价表

项目	自我评价			小组评价			教师评价		
	10～9	8～6	5～1	10～9	8～6	5～1	10～9	8～6	5～1
	占总评10%			占总评30%			占总评60%		
模型空间中打印									
图纸空间中打印									
任务拓展									
安全文明									
时间观念									
学习主动性									
工作态度									
语言表达能力									
团队合作精神									
实验报告质量									
小计									
总评									

任务二 图形格式转换

学习目标

1）能够正确输入一个文件格式。

2）能够正确输出一个文件格式。

建议学时

0.5 学时

任务描述

本任务是对文件格式进行转换，能从外部正确输入一个文件，或输出一个不同的文件格式。

任务实施

1. 输出

1）单击工作界面左上角的“CAD” 按钮，选择“输出”→“其他格式”命令，如图 7-13a 所示，或在命令行输入“EXPORT”，系统打开如图 7-13b 所示的“输出数据”对话框。

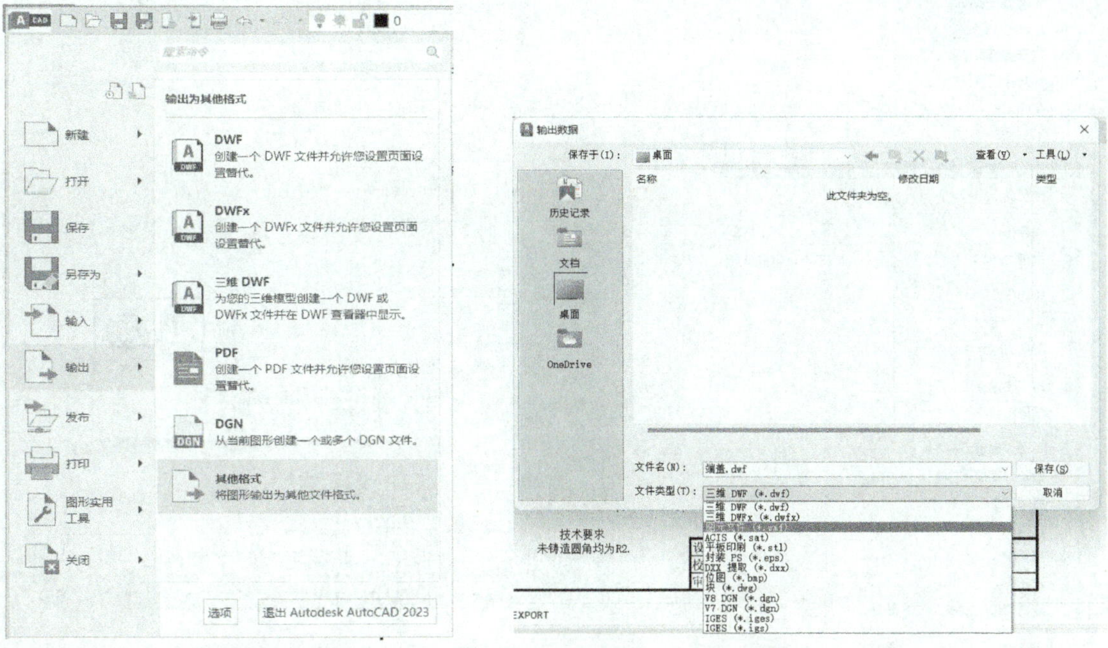

图 7-13 输出操作

2）在“文件类型”下拉列表中选择要输出的文件格式。

3）在“保存于”下拉列表框中选择文件的保存位置，在“文件名”文本框中输入文件的名称。

4）单击“保存”按钮，即可完成图形文件的输出操作。

小提示：

在“输出数据”对话框中，“文件类型”下拉列表中有很多的文件类型可选，选择时要注意各种格式的区别，在确定文件名时，不要轻易地改动文件的后缀，因为不同的后缀表示不同的格式文件。

2. 输入

1）在菜单栏中选择“文件”→“输入”命令，如图7-14a所示，或在命令行输入“IMPORT”，系统打开“输入文件”对话框，如图7-14b所示。

2）在“文件类型”下拉列表中选择“图元文件”类型，在该对话框的“文件名”下拉列表中选择一个文件名，找到所需的文件格式，然后单击“打开”按钮，文件将被加载到AutoCAD的作图区域，如图7-14b所示。

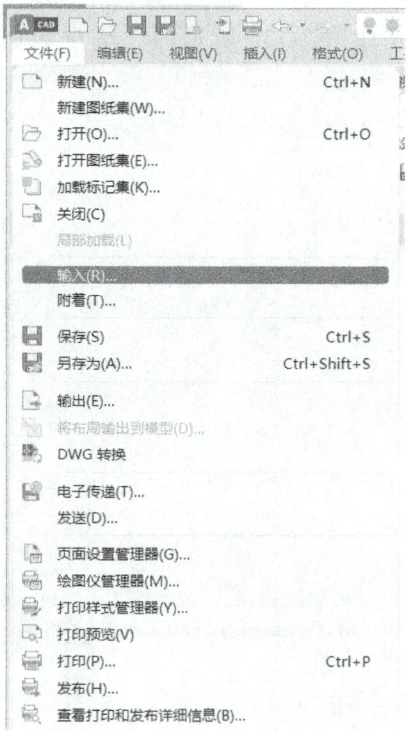

a)

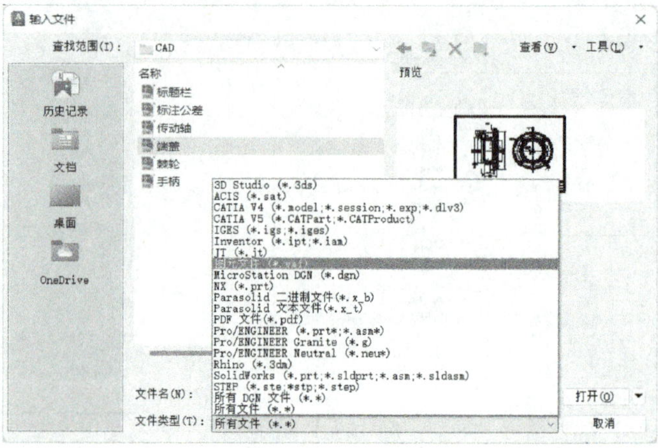

b)

图7-14　输入操作

加油站

图形文件的格式是计算机存储图形的方式与压缩方法，要针对不同的程序和使用目的来选择需要的格式，不同图形程序也有各自的内部格式，现介绍如下：

1）BMP：是 Microsoft 公司图形文件自带的点位图格式，支持 1~24bit 色彩，BMP 保存的图像质量不变，文件也比较大，可以保存每个像素的信息。

2）WMF：是一种矢量图形格式，Word 中内部存储的图片或绘制的图形对象属于这种格式。无论放大还是缩小，图形的清晰度不变。

3）EPS：是 Adobe 公司矢量绘图软件本身的矢量图格式。EPS 格式常用于位图与矢量图之间交换文件。

4）DXF：是 AutoCAD 中的矢量文件格式，它以 ASCII 码方式存储文件，在表现图形的大小方面十分精确。

5）ACIS：是用 C++构造的图形系统开发平台，开发者可以利用这些功能开发面向终端用户的三维造型系统。

6）3DS：是矢量格式，是 3D Studio 的动画原始图形文件，含有纹理和光照信息。

任务评价

表 7-2 任务二综合评价表

项目	自我评价			小组评价			教师评价		
	10~9	8~6	5~1	10~9	8~6	5~1	10~9	8~6	5~1
	占总评 10%			占总评 30%			占总评 60%		
输入文件									
输出文件									
安全文明									
时间观念									
学习主动性									
工作态度									
语言表达能力									
团队合作精神									
试验报告质量									
小计									
总评									

试题集萃

1. 以下关于布局空间（layout）的设置正确的是（　　）。

A. 必须设置为一个模型空间，一个布局

B. 一个布局可以多个有模型空间

C. 一个模型空间可以有多个布局

D. 一个文件中可以有多个模型空间多个布局

2. 模型空间（　　）。

A. 和布局设置一样

B. 和图纸空间设置一样

C. 主要为设计建模用，但也可以打印

D. 是为了建立模型设定的，不能打印

3. 在 AutoCAD 2023 中提供（　　）种打印样式表。

A. 1　　B. 2　　C. 3　　D. 4

4. 在一个视图中，一次最多可创建（　　）个视口。

A. 2　　B. 3　　C. 4　　D. 5

5. 在打印样式表中选择或编辑一种打印样式，可编辑的扩展名为（　　）。

A. WMF　　B. PLT　　C. CTB　　D. DWG

6. 在保护图纸安全的前提下，和他人进行设计交流的途径为（　　）。

A. 不让他人看 .dwg 文件，直接口头交流

B. 只看 .deg 文件，不进行标注

C. 利用电子打印进行 .dwf 文件的交流

D. 把图纸文件缩小到他人看不太清楚为止

7. 在模型空间中，可以按传统的方式进行绘图编辑操作。一些命令只适用于模型空间，如（　　）命令。

A. 鸟瞰视图　　B. 三维动态观察器

C. 新建视口　　D. 实时平移

8.（　　）不属于图纸方向设置的内容。

A. 反向　　B. 纵向　　C. 横向　　D. 逆向

附录

试题集萃答案

项目一：

1. C　2. ABCD　3. ABCD　4. D　5. A

项目二：

1. B　2. D　3. ABC　4. C　5. A　6. B　7. D　8. B

项目三：

1. B　2. B　3. C　4. A　5. B　6. A　7. C　8. C

项目四：

1. 0、Continuous、normal

2. C　3. C　4. A　5. D　6. A　7. ABCD　8. B

项目五：

1. B　2. B　3. ABC　4. B　5. A　6. ABC　7. ABD　8. C　9. C

项目六：

一、选择题

1. C　2. C　3. C　4. D　5. C

二、绘图题

1. 4048，276.332　2. 254.850，166.103　3. 123.448　4. 57.772°

项目七：

1. B　2. D　3. B　4. C　5. C　6. C　7. B　8. D

参考文献

[1] 毛江峰，强光辉. 机械绘图实例应用 [M]. 北京：清华大学出版社，2016.

[2] 单春阳. AutoCAD 2014 项目教程 [M]. 北京：北京理工大学出版社，2016.

[3] 李雅萍. AutoCAD 2019 中文版机械制图快速入门与实例详解 [M]. 北京：机械工业出版社，2019.

[4] 果连成. 机械制图 [M]. 7 版. 北京：中国劳动社会保障出版社，2018.